用电检查防窃电

培训教材

国家电网有限公司技术学院分公司 编

中国电力出版社
CHINA ELECTRIC POWER PRESS

内 容 提 要

查处窃电和查处违约用电是供电企业工作的重点和难点，为此，国家电网有限公司技术学院分公司（简称国网技术学院）编写《用电检查防窃电培训教材》一书。本书共4章，具体内容包括居民用户查处窃电、小动力用户查处窃电、高供低计专用变压器用户查处窃电、高供高计专用变压器用户查处窃电。此外，本书还以附录的形式列出了用电检查工具的使用技巧。

本书案例翔实，理论和实务操作相结合，可作为供电企业营销人员（特别是用电检查人员）提升防窃电技能的培训用书，也可作为高等院校相关专业人员的参考书。

图书在版编目（CIP）数据

用电检查防窃电培训教材 / 国家电网有限公司技术学院分公司编 . —北京：中国电力出版社，2020.6
ISBN 978-7-5198-4317-5

Ⅰ．①用… Ⅱ．①国… Ⅲ．①用电管理—技术培训—教材 Ⅳ．① TM92

中国版本图书馆 CIP 数据核字（2020）第 024635 号

出版发行：中国电力出版社
地　　址：北京市东城区北京站西街 19 号（邮政编码 100005）
网　　址：http://www.cepp.sgcc.com.cn
责任编辑：肖　敏（010-63412363）
责任校对：黄　蓓　朱丽芳
装帧设计：赵丽媛
责任印制：石　雷

印　　刷：北京博图彩色印刷有限公司
版　　次：2020 年 6 月第一版
印　　次：2020 年 6 月北京第一次印刷
开　　本：787 毫米 ×1092 毫米　16 开本
印　　张：10
字　　数：219 千字
印　　数：0001—2000 册
定　　价：58.00 元

编 委 会

主　　编　张国静

副 主 编　薛　阳　董成哲

参编人员　王文波　王立宗　孙联喜　范友鹏

　　　　　王　博　徐敏敏　刘超男

前　言

　　窃电行为严重扰乱正常的供电和用电秩序，供电企业为了更好地落实"依法治企"决策部署，应进一步完善"依法治电、打防结合、标本兼治"的窃电和违约用电综合防治体系，加强窃电和违约用电检查人员的专业技能培训，培养出一批高素质、高技能的用电检查人员。为此，国网技术学院建设了反窃电实训基地，并组织专家依据国家电网有限公司相关标准和全国多年来反窃电的经验和案例，编写了《用电检查防窃电培训教材》。

　　全书共 4 章，为居民用户查处窃电、小动力用户查处窃电、高供低计专用变压器用户查处窃电和高供高计专用变压器用户查处窃电，每章分别从计量装置工作原理、计量装置窃电查处、查处窃电方法实训三个方面展开详细的讲解，对用电检查工作有着较高的实用价值。

　　本书由国网技术学院牵头，组织业内专家共同完成，以《国家电网公司供电企业岗位分类标准（试行）》（人资组〔2012〕89 号）中电力营销专业的用电检查岗位业务描述为依据，遵循"理论知识够用、为技能服务"的原则，将反窃电教学理论与工作实践经验相结合，突出核心知识点和关键技能项的介绍。本书避免了烦琐的理论推导和验证，通俗易懂、深入浅出。

　　本书案例翔实，理论和实务操作相结合，可作为供电企业营销人员（特别是用电检查人员）提升防窃电技能的培训用书，也可作为高等院校相关专业人员的参考书。

　　由于编写时间仓促，书中难免存在疏漏之处，恳请各位专家和读者提出宝贵意见，使之不断完善。

编　者

2019 年 12 月

目　录

第1章

居民用户查处窃电

1.1　居民用户计量装置工作原理

对于用电检查人员来说，了解居民用户计量装置的工作原理是查处窃电的必备知识。居民用户计量系统中的单相电能表是窃电者首选的目标，下面对电能表的结构及薄弱点做重点介绍。

1.1.1　居民用户计量系统

居民用户计量系统如图 1-1 所示。

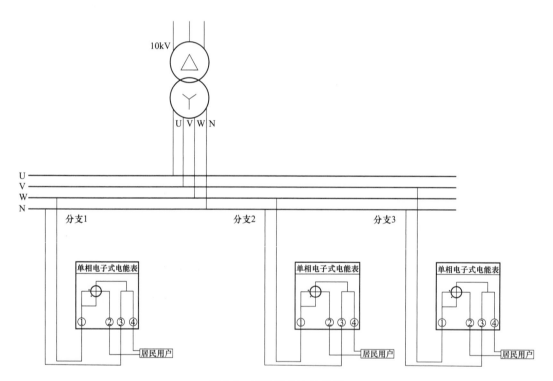

图 1-1　居民用户计量系统

1.1.2　单相智能电能表主要参数及结构

1. 单相智能电能表的外观及主要参数

单相智能电能表的外观及主要参数如图 1-2 所示。

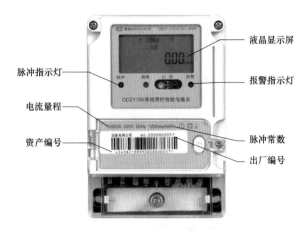

液晶显示屏
报警指示灯
脉冲指示灯
电流量程
资产编号
脉冲常数
出厂编号

图 1-2 单相智能电能表的外观及主要参数

（1）脉冲指示灯：用来指示用户用电功率状况，用电负荷功率越大，该指示灯闪亮的频率越快；反之越慢。当用户不用电时，该指示灯不亮；用电恢复后，该灯继续随负荷功率的大小而闪亮。现场检查用电时，可以根据脉冲指示灯的闪烁频率，利用瓦秒法判断电能表的功率是否正常。

（2）电流量程：10（60）A 表示额定电流为 10A，最大可承受电流为 60A。现场检查用电时，要根据用户的实际用电设备估算电能表是否处于超量程运行状态。

（3）资产编号：将物资按其分类内容进行有序编排，具有唯一性，每个智能电能表对应一个资产编号。现场检查用电时，要注意核对用户的电能表编码是否与档案一致，避免以"假表"方式窃电。

（4）液晶显示屏：循环显示用电数据，直观方便。现场检查用电时，要注意查看电能表是否处于黑屏状态，且是否有报警信息。

（5）报警指示灯：该灯常亮表示电能表处于报警状态；正常情况下，指示灯灭。现场检查用电时，除无电费情况，若报警指示灯亮，则考虑电能表接线是否出现问题或电能表机器内部是否出现问题。

（6）脉冲常数：电子式电能表的脉冲常数是每千瓦时脉冲的个数。电能表的脉冲常数会标注在电能表面板上，其单位为 imp/kWh，表示每千瓦时脉冲的个数。图 1-2 中的脉冲常数为 1200imp/kWh，表示计 1200 个脉冲为 1kWh。现场检查用电时，可以通过计算脉冲常数判断电能表计量的准确性。

（7）出厂编号：智能电能表生产厂家出厂时定义的编号，可追踪产品的批次信息。

2. 单相智能电能表的结构

单相智能电能表主要由电流采样、电压采样、计量芯片、MCU、液晶显示及驱动、时钟电路、电源电路等部分组成（见图 1-3），均为可能发生窃电的点，在查处窃电取证的过程中要着重检查。

（1）单相智能电能表整体剖析。单相智能电能表整体剖析如图 1-4 所示。

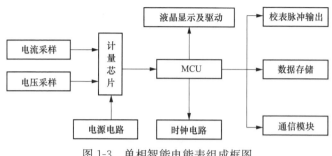

图 1-3　单相智能电能表组成框图

图 1-4　单相智能电能表整体剖析

（2）电流采样回路。单回路单相智能电能表电流采样使用锰铜分流器，中性线通道使用短接片或只用一个中性线端子串接电流互感器，如图 1-5 所示。

图 1-5　单回路单相智能电能表电流采样回路

掌握单相智能电能表的内部结构及原理是分析表内是否发生窃电的必备理论基础。

1.2　居民用户计量装置窃电查处

围绕智能电能表的整个计量系统，可能存在表尾短接窃电、表内加装遥控装置窃电、改变采样参数窃电、表间互搭中性线窃电、高压电击窃电等方式。针对不同的窃电方式需要不同的查处方法及工作流程。本节选表尾短接、表内加装遥控装置、电能表之间互搭中性线窃电为例，对居民用户计量装置的检查流程展开介绍。

1.2.1 表尾短接窃电查处

1. 查处窃电实例解析

📋 案情回顾

某用户的电量异常，用电检查人员判断该户可能存在窃电行为，为慎重起见，用电检查人员立即联系该用户到现场进行进一步检查。打开表箱后，发现计量装置的表尾存在 U 形短接环，表尾短接现场如图 1-6 所示，造成计量装置少计电量，属窃电行为。用电检查人员立即出具"违约用电、窃电通知书"。

图 1-6　表尾短接现场

⚙ 原理剖析

不法用户利用 U 形短接线将电能表的接线端子短接，构成窃电回路。同时，由于电子式电能表具有防窃电功能，插 U 形短接环的窃电方式必须同时另外引接地线，才能分流窃电。电能表接线端子短接分流窃电原理如图 1-7 所示。

使用 U 形短接环窃电是将一根两端剥皮的导线弯成 U 形，插入电能表的 1、2 端子中，使电能表的计量单元短路（俗称小 U 形环），或在电表箱的底板背后或其他部位将电能表 1、2 端子的导线连在一起（俗称大 U 形环），造成电能表的电流线圈短路，使电能表不计或少计电量。

2. 查处窃电流程

🔧 检查要点

（1）检查电能表的铅封是否完好。

（2）通过居民用户智能检查工具，读取开盖记录。若发现异常开盖记录，则需要认真查找窃电证据。

（3）重点做好窃电取证及损失电量比例的计算。

（4）封存电能表和遥控接收器等窃电证据。

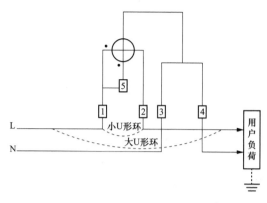

图 1-7　电能表接线端子短接分流窃电原理

🛡 检查流程

为了得到合法有效的窃电证据，实现快速、有效查处目标，用电检查人员需要规范检查步骤，单相智能计量装置的接线端子短接分流方式窃电检查流程见表 1-1。

表 1-1　　　　单相智能计量装置的接线端子短接分流方式窃电检查流程

步骤	内容	说明
第一步：准备工作	摄像取证装备	摄像机：具有夜视功能的摄像机是查处窃电取证的必要工具。 手电筒：强光手电筒是用电检查工作的必要工具
	检测智能电能表的工具	智能电能表诊断仪器：分析、诊断电能表内部故障、电能表参数及误差的工具，基于瓦秒法测试误差的工具等
	检测计量回路的工具	低压负荷检测仪器：钳形电流表
	窃电证据保全准备	封条、纸箱、印油（按手印）等用于保全窃电证据的装备
第二步：检查重点	启动摄像取证	摄像取证：操作前、操作过程需要全程摄像取证，记录完整的检查过程，防止窃电用户诬陷用电检查人员的事件发生。 摄像取证的重点： （1）计量设备摄像取证：①进线；②表箱前面；③表箱后面。 （2）人员及现场环境：完整、清晰录制用电检查人员及用户代表的全景画面及对话。 （3）现场环境：要求含有检查人员、监护人员，能够表明窃电地点的明显标志，保证录制全程检查人员、监护人员与电表箱和电能表在同一画面内
	检查表箱周围	表箱后面：检查表箱后面有无异物、划痕。 表箱进线：检查表箱进线孔内有无与计量无关的线缆。 表箱前面：检查表箱前面有无被破坏的痕迹
	检查表箱内部	开启表箱后，不要用手触碰计量装置及接线，且全过程摄像记录。检查二次回路是否有明显损坏及计量装置铅封是否正常，是否存在与计量无关的设备
	检测实际负荷	检查并记录用户的实际负荷，用钳形电流表测量：相线电流_____，中性线电流_____。 检查变压器容量_____，计算负荷率_____

续表

步骤	内容	说明
第二步： 检查重点	检测智能电能表	智能电能表的外观：智能电能表外观是否被破坏_____，是否受热变形_____。 智能电能表铭牌参数核对：智能电能表脉冲常数_____，额定电流_____。 查看智能电能表的报警信息_____。 用智能电能表诊断工具检查：电压_____，电流_____，功率因数_____。 最近一次开盖记录_____，误差_____。 最大需量_____，失电压记录_____，失电流记录_____
	检测计量回路	进线：有无异物_____。 二次电缆：有无异物、粘连_____。 相序：检查计量回路的相序是否正常_____
第三步： 计算电量	检查结果确认	检查完毕，用户确认检查过程及结果
	测算损失比例	现场测量、计算窃电手段导致电量损失的比例_____
	窃电证据保全	将现场与窃电有关的证物贴封条、装箱，签字、按手印妥善保存

1.2.2 表内加装遥控器窃电查处

1. 查处窃电实例解析

📋 **案情回顾**

某供电公司接到举报，查获了一宗用遥控器窃电的案件。该用户通过在电能表内部加装电路板装置，之后通过遥控器不定期短接电能表电流回路，故意使供电企业用电计量装置不计或少计电量，这类型的窃电案件在该供电公司是首次查获。

经举报得知，城郊所某用户家中用电电器较多，但每月用电量只有 20kWh 左右。用电检查班班长当即安排人员赶到现场检查。检查发现该用户电能表计量专用封印有被动过的痕迹，拆开电能表发现里面加装了短接电流回路装置。在大量的证据面前，该用户承认了通过遥控器不定期短接电能表电流回路进行窃电的行为。工作人员对现场检查、签字确认等取证过程进行了记录，并开具了"违约用电、窃电通知书"。

遥控器窃电现场如图 1-8 所示。

⚙️ **原理剖析**

窃电者通过在已有的窃电回路中加装自动投切装置，如利用开关或者接触器远方操控窃电负荷回路的通断，闭合时，窃电回路接通，进行越表窃电，从而少计电量；断开时，走正常回路计量。遥控器窃电原理如图 1-9 所示。

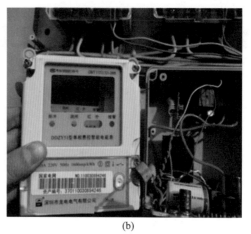

(a)　　　　　　　　　　　　　(b)

图 1-8　遥控器窃电现场

（a）现场（一）；（b）现场（二）

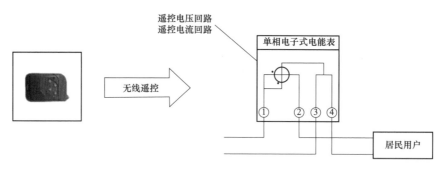

图 1-9　遥控器窃电原理

此种窃电类型隐蔽性高、操作简便，在不窃电的情况下，表计误差合格。用电检查人员到现场后，用户可以遥控操作使电能表计量恢复正常；用电检查人员离开后，用户会继续窃电。

2. 查处窃电流程

🔍 **检查要点**

（1）检查电能表的铅封是否完好。

（2）通过居民用户智能检查工具读取开盖记录。

（3）若发现异常开盖记录，则需要认真查找窃电证据。

（4）重点做好窃电取证及损失电量比例的计算。

（5）封存电能表和遥控接收器等窃电证据。

检查流程

为了得到合法有效的窃电证据，实现快速、有效查处的目标，用电检查人员需要规范检查步骤。居民用户加装遥控器方式窃电检查流程见表1-2。

表 1-2　　　　　　　　　　　居民用户加装遥控器方式窃电检查流程

步骤	内容	说明
第一步：准备工作	摄像取证装备	摄像机：具有夜视功能的摄像机是查处窃电取证的必要工具。 手电筒：强光手电筒是用电检查工作的必要工具
	检测智能电能表的工具	智能电能表诊断仪器：分析、诊断电能表内部故障、电能表参数及误差的工具，基于瓦秒法测试误差的工具等
	检测计量回路的工具	低压负荷检测仪器：钳形电流表
	窃电证据保全准备	封条、纸箱、印油（按手印）等用于保全窃电证据的装备
第二步：检查重点	启动摄像取证	摄像取证：操作前、操作过程需要全程摄像取证，记录完整的检查过程，防止窃电用户诬陷用电检查人员的事件发生。 摄像取证的重点： （1）计量设备摄像取证：①进线；②表箱前面；③表箱后面。 （2）人员及现场环境：完整、清晰录制用电检查人员及用户代表的全景画面及对话。 （3）现场环境：要求含有检查人员、监护人员，能够表明窃电地点的明显标志，保证录制全程检查人员、监护人员与电表箱和电能表在同一画面内
	检查表箱周围	表箱后面：检查表箱后面有无异物、划痕。 表箱进线：检查表箱进线孔内有无与计量无关的线缆。 表箱前面：检查表箱的前面有无被破坏的痕迹
	检查表箱内部	开启表箱后，不要用手触碰计量装置及接线，且全程摄像记录。检查二次回路是否有明显损坏及计量装置铅封是否正常
	检测实际负荷	检查并记录用户的实际负荷，用钳形电流表测量：相线电流_____，中性线电流_____。 检查变压器容量：_____，计算负荷率_____
	检测智能电能表	电能表的外观：电能表外观是否被破坏_____，是否受热变形_____。 电能表铭牌参数核对：电能表脉冲常数_____，额定电流_____。 查看电能表的报警信息_____。 用智能电能表诊断工具检查：电压_____，电流_____，功率因数_____。 最近一次开盖记录_____，误差_____。 最大需量_____，失电压记录_____，失电流记录_____
	检测计量回路	进线：有无异物_____。 二次电缆：有无异物、粘连_____。 相序：检查计量回路的相序是否正常_____
第三步：计算电量	检查结果确认	检查完毕，用户确认检查过程及结果
	测算损失比例	现场测量、计算窃电手段导致电量损失的比例_____
	窃电证据保全	将现场与窃电有关的证物贴封条、装箱，签字、按手印妥善保存

1.2.3　电能表之间互搭中性线窃电查处

1. 查处窃电实例解析

案情回顾

某供电公司对所管辖区域内线损电量偏大的情况进行针对性检查，白天排查时表箱完好，将表箱打开检查，电能表表身及接线柱铅封完好，检查人员初步判定用户可能采取夜间偷接线方式进行窃电，故叮嘱该区电工在夜间用电高峰协助巡查。

某日晚，接到该区电工电话，称某户有窃电嫌疑，家中在用电，但是电能表不计量，稽查大队马上赶往现场，控制住用户负责人。在检查过程中，发现该用户相线电流近10A，而中性线电流不到 0.5A。用电检查人员对现场录像取证。经进一步排查，发现该用户表箱中电能表的中性线和相线都被对调，该用户从另一用户表中引入一根中性线，在家中设置双掷开关控制电能表的运作。

经查明，该用户承认自己的窃电事实，由于窃电共多少天无法查明，根据《供电营业规则》第 103 条的规定：窃电日数至少以 180 天计算，每日窃电时间若不能查明，参照有关规定，窃电用户为居民用户，窃电时间按 6h 计算。该用户应补收窃电量：2.2kW×6h（每日窃电时间）×180 天＝2376kWh。

电能表之间互搭中性线窃电（也称借中性线窃电）现场如图 1-10 所示。

原理剖析

通过借用其他中性线改变计量设备的接线方式会导致负荷电流的回路发生改变，从而使电能表少计电量。借中性线窃电原理示意图如图 1-11 所示。

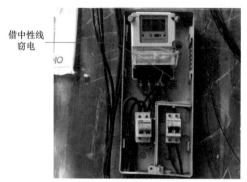

图 1-10　借中性线窃电现场

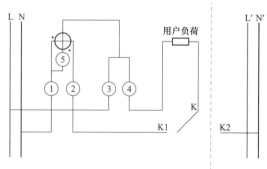

图 1-11　借中性线窃电原理

目前居民采用的电能表均为相线计量，不法用户利用这一点，先是将自家的中性线、相线反接，借助附近用户电能表的中性线使自家电能表的中性线悬空，由于电流绕组悬空没有电流流过，电能表不会计量。窃电用户还在家里装了一个双掷开关，可以自由切换窃电状态和正常状态：开关合向 K1 时，用电正常，电能表计量正常；开关合向 K2 时，借中性线窃电，电能表不计量。当供电企业检查时，恢复自家电能表中性线，电能表计量正常。这种方法容易操作和控制，且供电人员很难查到真相。

2. 查处窃电流程

检查要点

根据居民计量装置相线和中性线的电流，分析、判断是否存在借中性线窃电的问题。

（1）可以从窃电用户中性线和相线反接作为查处窃电的突破口。

（2）重点做好窃电取证及损失电量比例的计算。

检查流程

为了得到合法有效的窃电证据，实现快速、有效查处的目标，用电检查人员需要规范检查步骤。居民用户借中性线方式窃电检查流程见表1-3。

表1-3　　　　　　　　　　　　　居民用户借中性线方式窃电检查流程

步骤	内容	说明
第一步： 准备工作	摄像取证装备	摄像机：具有夜视功能的摄像机是查处窃电取证的必要工具。 手电筒：强光手电筒是用电检查工作的必要工具
	检测智能电能表的工具	智能电能表的诊断仪器：分析、诊断电能表内部故障、电能表参数及误差的工具，基于瓦秒法测试误差的工具等
	检测计量回路的工具	低压负荷检测仪器：钳形电流表
	窃电证据保全准备	封条、纸箱、印油（按手印）等用于保全窃电证据的装备
第二步： 检查重点	启动摄像取证	摄像取证：操作前、操作过程需要全程摄像取证，记录完整的检查过程，防止窃电用户诬陷用电检查人员的事件发生。 摄像取证的重点： （1）计量设备摄像取证：①进线；②表箱前面；③表箱后面。 （2）人员及现场环境：完整、清晰录制用电检查人员及用户代表的全景画面及对话。 （3）现场环境：要求含有检查人员、监护人员，能够表明窃电地点的明显标志，保证录制全程检查人员、监护人员与电表箱和电能表在同一画面内
	检查表箱周围	表箱后面：检查表箱后面有无异物、划痕。 表箱进线：检查表箱进线孔内有无与计量无关的线缆。 表箱前面：检查表箱的前面有无被破坏的痕迹
	检查表箱内部	开启表箱后，不要用手触碰计量装置及接线，且全过程摄像记录。检查二次回路是否有明显损坏及计量装置铅封是否正常
	检测实际负荷	检查并记录用户的实际负荷，用钳形电流表测量： 相线电流_____，中性线电流_____。 检查变压器容量_____，计算负荷率_____
	检测智能电能表	电能表的外观：电能表外观是否被破坏_____，是否受热变形_____。 电能表铭牌参数核对：电能表脉冲常数_____，额定电流_____。 查看电能表的报警信息_____。 用智能电能表诊断工具检查：电压_____，电流_____，功率因数_____。 最近一次开盖记录_____，误差_____。 最大需量_____，失电压记录_____，失电流记录_____
	检测计量回路	进线：有无异物_____。 二次电缆：有无异物、粘连_____。 相序：检查计量回路的相序是否正常_____

续表

步骤	内容	说明
第三步： 计算电量	检查结果确认	检查完毕，用户确认检查过程及结果
	测算损失比例	现场测量、计算窃电手段导致电量损失的比例_____
	窃电证据保全	将现场与窃电有关的证物贴封条、装箱，签字、按手印妥善保存

1.3　居民用户查处窃电方法实训

了解居民用户计量装置的工作原理及常见窃电类型检查流程后，需要在实训室进行反复的实训操作，全面掌握系统性、规范性的查处窃电实用方法，使现场查处窃电有的放矢，大幅度提高效率。

1.3.1　培训作业指导书

1. 目标及内容（见表 1-4）

表 1-4　　　　　　　　　　　目　标　及　内　容

<table>
<tr><td colspan="3" style="text-align:center">课程名称：如何对居民用户查处窃电</td></tr>
<tr><td rowspan="2"></td><td style="text-align:center">知识目标</td><td style="text-align:center">能力（技能）目标</td></tr>
<tr><td></td><td></td></tr>
</table>

	知识目标	能力（技能）目标
培训目标	(1) 熟悉居民计量系统。 (2) 通过反窃电仿真平台掌握居民反窃电的方法。 (3) 了解现在的各种居民计量系统的窃电方式。 (4) 掌握通过居民实操平台现场查处窃电的方法	(1) 熟悉居民计量系统。 (2) 了解居民计量系统常见的窃电方式及现象
能力训练任务 及案例	任务一：掌握居民计量方式常见窃电方式及反窃电方法。 任务二：通过实训教学屏，对各环节窃电数据进行直观的了解	
参考资料	《供电营业规则》《反窃电管理办法》	

2. 教学设计（见表 1-5）

表 1-5　　　　　　　　　　　教　学　设　计

步骤	教学内容	教学方法	教学手段	学员活动	时间分配
引入、告知 （教学内容、目的）	组织教学： 学员按学号分成 12 个小组。 内容回顾： 回顾反窃电工作的重点和难点。 引入本次课程的主要任务： (1) 掌握居民计量系统的薄弱环节。 (2) 掌握居民计量系统常见的窃电方式及现象	讲授	多媒体 教学	听讲、 记录	30min

续表

步骤	教学内容	教学方法	教学手段	学员活动	时间分配
讲授或实训 (掌握基本技能, 加深对基本技能 的体会,巩固、 拓展、检验)	任务一: (1) 反窃电现状。 (2) 居民计量系统的介绍及易发生窃电的位置。 (3) 常用反窃电工具。 (4) 典型案例。 (5) 现场注意事项	讲授 案例、 提问、 讨论、 模拟	多媒体 教学	阅读、 听讲、 记录、 互动	20min
	任务二: (1) 利用实训教学屏让学员直观了解窃电发生时计量回路各环节的数据变化。 (2) 组织学员分组进行实际操作				20min
总结、归纳 (知识、能力)	(1) 回顾居民计量系统常见的窃电类型。 (2) 总结居民计量系统的反窃电方法	讨论 案例	多媒体 教学	听讲、 记录	10min
作业	居民计量方式采取的防窃电措施有哪些			记录	
后记					

1.3.2 查处窃电方法实训

居民用户计量系统查处窃电方法实训在如图 1-12 所示的实训教学屏上进行。在该实训屏上,可进行多种方式窃电现象的分析及反窃电原理和方法的理论练习,掌握不同计量元件的测试方法,明确取证关键部位,为现场实操应用做准备。

单相用户计量系统

图 1-12 实训教学屏

以居民用户借中性线窃电方式为例进行查处窃电方法实训，学会观察窃电前后的数据变化、分析数据、使用测量工具等。

📇 操作流程

第一步：用户信息登记

记录用户的计量方式、表号、户号等信息，注意记录要准确、详细，用于与现场实际用电情况及数据进行对比，对用户异常用电情况做基本验证。

第二步：测量电能表前电流和电压数据

用钳形电流表测量电能表前电流和电压值，与电能表数据进行比对。

注：用户 1 的相线电流记为 I_1，中性线电流记为 I_2，电压记为 U_1；用户 2 的相线电流记为 I_3，中性线电流记为 I_4，电压记为 U_2。

借中性线窃电电能表前数据测量如图 1-13 所示。测量用户 1、2 电能表前相线的电流数据如图 1-14 所示。

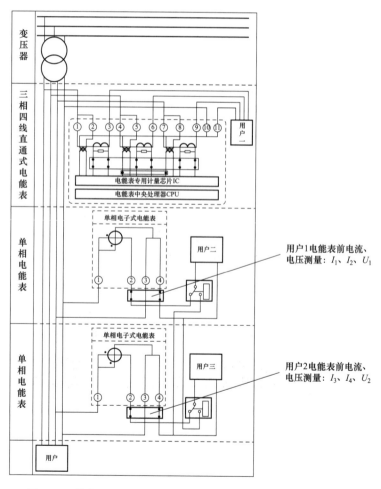

图 1-13　借中性线窃电电能表前数据测量

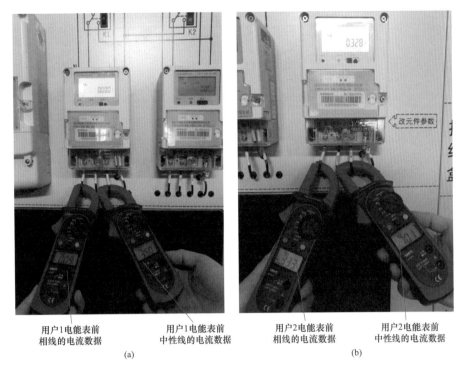

用户1电能表前　　　　　用户1电能表前　　　　　用户2电能表前　　　　　用户2电能表前
相线的电流数据　　　　　中性线的电流数据　　　　相线的电流数据　　　　　中性线的电流数据
　　　　　(a)　　　　　　　　　　　　　　　　　　　　　(b)

图 1-14　测量用户 1、2 电能表前相线的电流数据

(a) 测量用户 1；(b) 测量用户 2

测量结果见表 1-6。

表 1-6　　　　　　　　　　　　　　测　量　结　果

测量工具	钳形电流表	
测量位置	单相电能表前接线数据	
数据	$I_1=0.00$A；$I_2=0.350$A；$I_3=0.333$A；$I_4=0.701$A	$U_1=226$V；$U_2=226$V
分析	接入电能表的电压值正常，用户 1、2 的相线、中性线的电流不相等	

第三步：查看电能表数据——记录电能表信息

按下单相电能表上的按钮，读取电能表内中性线、相线的电流值和电能表内的电压值。

注：用户 1 表内相线电流记为 I_5，电压记为 U_3；用户 2 表内相线电流记为 I_6，电压记为 U_4。

借中性线窃电表内数据测量如图 1-15 所示。读取表内电流、电压数据如图 1-16 所示。

表内数据读取结果见表 1-7。

第四步：检查结果

检查结果见表 1-8。根据单相电能表前测得的电流值显示，用户 1 的中性线、相线电流不等，且相线电流为零。用户 2 的中性线、相线电流也不相等，且中性线电流是相线电流的 2 倍左右，因此可知，用户 1 的电能表进线中性线、相线反接，并通过开关控制将其中性线出线接到用户 2 的中性线上，导致用户 1 的电能表不计电量，而用户 2 的中性线电流是两用户电流的和，即用户 1 借中性线使自家达到少计量或不计量的目的。

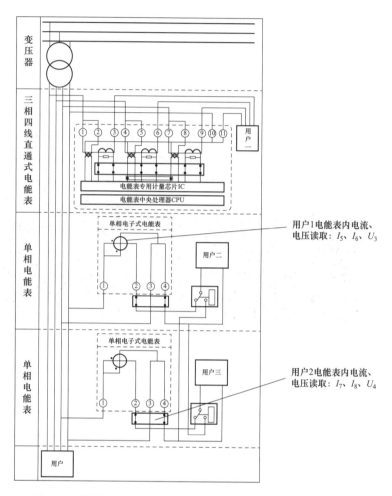

图 1-15 借中性线窃电电能表内数据测量

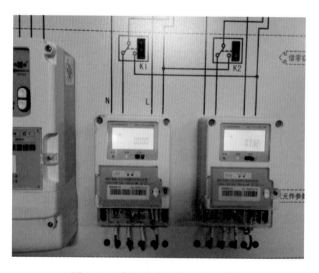

图 1-16 读取表内电流、电压数据

表 1-7 表 内 数 据 读 取 结 果

测量工具及数据取得方式	电能表，液晶显示屏直接读取	
测量位置	表前、表内	
数据	$I_1=0.00$A；$I_3=0.333$A；$I_5=0.000$A；$I_6=0.332$A	$U_3=243$V；$U_4=243$V
分析	用户 1、2 表内数据与表前相同，表内无窃电行为	

表 1-8 检 查 结 果

测量工具及数据取得方式	钳形电流表，液晶显示屏直接读取	
测量位置	表前	
数据	$I_1=0.009$A；$I_2=0.350$A	$I_3=0.333$A；$I_4=0.701$A
分析	比较用户 1、2 的中性线、相线的电流情况，判断为用户 1 借用用户 2 的中性线进行窃电	

1.3.3 用电现场查处窃电操作实训

低供低计用户查处窃电案例：通过对"营销 SG186 业务应用系统"数据的筛选、分析，初步诊断用户 001 号有异常用电情况，现需到现场进行用电检查。

第一步：工作前准备

人员分工要明确：3 人一组，其中 1 人测量、1 人监护并记录、1 人全程摄像取证，以小组为单位进行练习。

工具准备要齐全：取证工具、测量工具、高科技反窃电设备等。

着装要求规范：按照供电服务和相应安全规程要求，穿戴绝缘鞋、安全帽、长袖纯棉上衣、低压绝缘手套或线手套。

具体的工作前准备见表 1-9。

表 1-9 工 作 前 准 备

步骤	内容	说明
第一步：准备工作	着装正确	按照供电服务和相应安全规程要求正确着装
	工具准备	一次性正确选取现场检查的常用工具和仪器、仪表
	摄像取证装备	摄像机：具有夜视功能的摄像机是查处窃电取证的必要工具。手电筒：强光手电筒是用电检查工作的必要工具
	窃电证据保全准备	封条、纸箱、印油（按手印）等用于保全窃电证据的设备

第二步：检查过程

在如图 1-17 所示的查处窃电操作平台上进行用电现场查处窃电操作。检查过程见表 1-10。

第三步：检查结果

根据现场检查结果，对用户现场下达"违约用电、窃电通知书"，用户确认后签字。检查结果见表 1-11。

图 1-17　查处窃电操作平台

表 1-10　　　　　　　　　　　　检 查 过 程

	进入现场	出示检查证件
第二步：检查重点	启动摄像取证	摄像取证：操作前、操作过程需要全程摄像取证，记录完整的检查过程，防止窃电用户诬陷用电检查人员的事件发生。摄像取证的重点： （1）计量设备摄像取证：①进线；②表箱前面；③表箱后面。 （2）人员及现场环境：完整、清晰录制用电检查人员及用户代表的全景画面及对话。 （3）现场环境：要求含有检查人员、监护人员，能够表明窃电地点的明显标志，保证录制全程检查人员、监护人员与电表箱和电能表在同一画面内
	检查表箱周围	表箱后面：检查表箱后面有无异物、划痕。 表箱进线：检查表箱进线孔内有无与计量无关的线缆。 表箱前面：检查表箱前面有被无破坏的痕迹
	检查表箱内部	开启表箱后，不要用手触碰计量装置及接线，且全程摄像记录。检查二次回路是否有明显损坏及计量装置铅封是否正常，是否存在与计量无关的设备
	检测智能电能表	根据 1.1 节对电能表外观进行详细检查。 查看电能表的报警信息。 对电能表的铭牌参数进行核对
	电能表液晶显示屏数据或 红外掌机抄读数据	逐一对 9 块电能表的数据进行读取，发现电压值均正常，其中 2、5 号电能表的电流值存在问题，进行重点检查 测量位置：5 号电能表内 相线电流：$I_1 = 0.000\text{A}$

续表

第二步：检查重点	电能表液晶显示屏数据或红外掌机抄读数据	测量位置：2号电能表内 中性线电流：$I_3 = 0.995\mathrm{A}$　测量位置：2号电能表内 相线电流：$I_2 = 0.497\mathrm{A}$
	测量表前电流值	测量位置：5号表进表电流 进表相线电流：$I_4 = 0.009\mathrm{A}$ 测量位置：5号表进表电流 中性线电流：$I_5 = 0.465\mathrm{A}$ 测量位置：2号表进表电流 进表相线电流：$I_6 = 0.513\mathrm{A}$

续表

第二步：检查重点	测量表前电流值		测量位置：2号表进表电流 中性线电流：$I_7 = 0.989A$ 分析： 　　用户5：$I_4 \neq I_5$。 　　用户2：$I_6 \neq I_7$；$I_7 \approx I_6 + I_5$。 可判断用户5借了用户2的中性线

表 1-11　　　　　　检 查 结 果

第三步：计算电量	检查结果确认	检查完毕，根据用户用电信息，正确填写"违约用电、窃电通知书"，然后用户确认检查过程及结果，并在"违约用电、窃电通知书"上签字
	测算损失比例	现场测量、计算窃电手段导致电量损失的比例＿＿＿
	窃电证据保全	将现场与窃电有关的证物贴封条、装箱，签字、按手印妥善保存

小　　结

　　针对居民用户，通过分析计量装置的原理及接线方式，了解单相智能电能表及计量系统在防范窃电方面存在的一些盲区。

活学活用

　　无线电压制法：针对各种形式的遥控窃电，由于窃电用户警惕性高，往往用电检查人员刚到现场，窃电行为就会终止。无线电干扰、压制、破解遥控密码等方法可以在一定程度上解决窃电现象消失的问题。

误区警示

　　（1）未取得有效证据，不做停电处理；
　　（2）未测量到电量损失比例，不做停电处理。

第2章

小动力用户查处窃电

2.1 小动力用户计量装置工作原理

只有掌握电能表的结构及其工作原理，在窃电查处过程中才能有针对性地对异常现象进行分析，对异常装置进行检查。本节将对小动力用户采用的智能电能表结构及薄弱环节进行详细介绍。

2.1.1 小动力用户计量系统

小动力用户计量系统如图 2-1 所示。

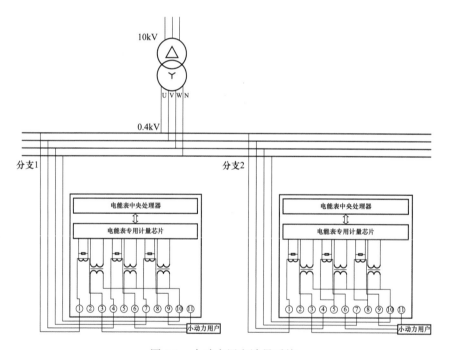

图 2-1 小动力用户计量系统

2.1.2 三相四线费控智能电能表主要参数及结构

1. 三相四线费控智能电能表的外观及主要参数

三相四线费控智能电能表的外观及主要参数如图 2-2 所示。

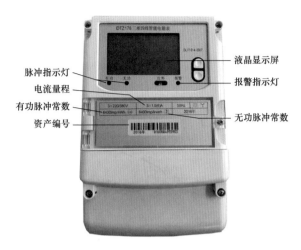

图 2-2　三相四线费控智能电能表的外观及主要参数

（1）脉冲指示灯：用来指示小动力用户有功功率和无功功率状况，用电负荷功率越大，该指示灯闪亮的频率越快；反之越慢。当用户不用电时，该指示灯不亮；用电恢复后，该灯继续随负荷功率的大小而闪亮。现场检查用电时，可以根据脉冲指示灯的闪烁频率，利用瓦秒法判断电能表的功率是否正常。

（2）电流量程：3×1.5（6）A 表示三相的额定电流为 1.5A，最大可承受电流为 6A。现场用电检查时，要根据用户的实际用电设备估算电能表是否处于超量程运行状态。

（3）资产编号：将物资按分类内容进行有序编排，具有唯一性，每个智能电能表对应一个资产编号。现场检查用电时，要注意核对用户的电能表编码是否与档案一致，避免以"假表"方式窃电。

（4）液晶显示屏：循环显示用电数据，直观方便。现场检查用电时，要注意查看电能表是否处于黑屏状态，且是否有报警信息。

（5）报警指示灯：该灯常亮表示电能表处于报警状态；正常情况下，指示灯灭。现场检查用电时，除无电费情况，若报警指示灯亮，则考虑电能表接线是否出现问题或电能表机器内部是否出现问题。

（6）有功脉冲常数：标注在电能表面板上，表示每千瓦时脉冲的个数，其单位为 imp/kWh。6400imp/kWh 表示电能表计量 1kWh 电量，电子式电能表闪烁的脉冲数为6400 个。现场检查用电时，可以通过计算脉冲常数判断电能表计量的准确性。

（7）无功脉冲常数：指电能表记录的电能和相应的转数或脉冲之间的关系，一般用 C 表示。6400imp/（kvar·h）为无功脉冲常数，表示计 6400 个脉冲为 1kvar·h。在用电检查的过程中，用秒表记录电子表脉冲灯闪动 N 次实际所用时间 t 与理论时间进行对比，利用瓦秒法计算，判断该用户是否存在窃电行为。

根据电能表铭牌，现场核查用户的电能表信息是否与档案信息相符，可初步判断用户是否存在私自更换电能表等异常用电行为。

2. 三相四线费控智能电能表的结构及原理

三相四线费控智能电能表主要由计量电路、中央控制系统、数码管或液晶显示屏、红外通信、RS-485 接口、继电器、驱动电路、电源单元、停电保存等部分组成，如图 2-3 所示。

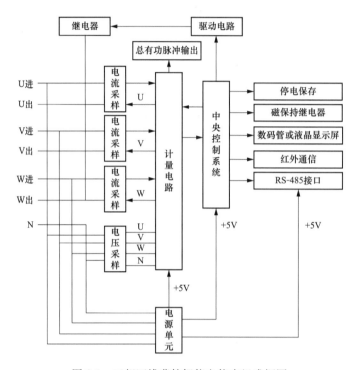

图 2-3　三相四线费控智能电能表组成框图

小动力用户窃电行为大多发生在电能表前、电能表内及表箱周围，充分了解计量系统的薄弱环节，掌握计量系统的原理知识，可以帮助用电检查人员在反窃电过程中有针对性地分析窃电发生的可疑环节，准确判断用户是否存在异常用电行为、锁定窃电位置，做到有的放矢地查处窃电，节省人力、物力。图 2-4 是小动力用户计量系统电路图。

（1）三相四线费控智能电能表内部结构。拆开表盖后的三相四线费控智能电能表结构如图 2-5 所示。拆下主板翻转后的三相四线费控智能电能表结构如图 2-6 所示。

U、V、W 三相电源的电压、电流经降压、整流、滤波后分别接入计量芯片，微处理器从计量处理单元、控制的输入单元、存储单元等处得到数据并进行分析后，做出相应处理及控制，显示输出。

计量芯片模拟信号的输入包括小信号电压输入和小信号电流输入。小信号电流输入是电流输入回路经过电流转换器转换成小电流信号，电流转换器二次侧输出串联采样电阻，将小电流信号转换为小电压信号，转换后的小电压信号（根据计量芯片的输入范围有所不同）输入计量芯片。

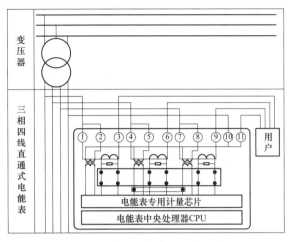

图 2-4 小动力用户计量系统电路图

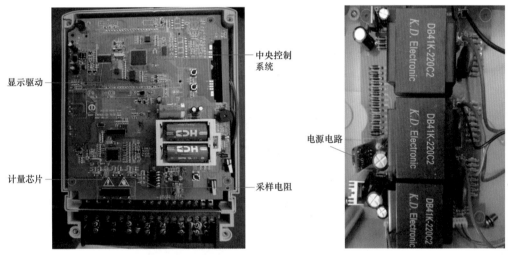

图 2-5 拆开表盖后的三相四线费控
智能电能表结构

图 2-6 拆下主板翻转后的三相四线
费控智能电能表结构

（2）三相四线费控智能电能表的工作原理。

1）电流回路。三相四线费控智能电能表内部电流回路原理如图 2-7 所示。三相四线费控智能电能表内部电流互感器如图 2-8 所示。

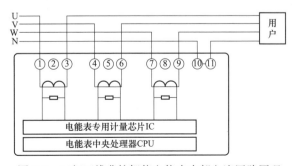

图 2-7 三相四线费控智能电能表内部电流回路原理

图 2-8　三相四线费控智能电能表内部电流互感器

　　三相四线费控智能电能表的相线经电流互感器变换后接入电能表的主板，在反窃电过程中发现，窃电用户在电流互感器内部加装遥控接收装置，遥控控制实现分流，使得电能表不计量或少计量以达到窃电目的。此种窃电方法隐蔽性强，在检查过程中要着重检查。三相四线费控智能电能表回路如图 2-9 所示。

图 2-9　三相四线费控智能电能表电流回路

　　电流互感器二次侧接入电能表主板，经过电流采样电阻进入计量芯片，在电流回路中并联无关的采样电阻或者更换阻值更大的采样电阻，会使电能计量减少，在反窃电过程中注意采样电阻是否被更换过。

　　2）电压回路。三相四线费控智能电能表电压回路如图 2-10 所示。三相四线费控智能电能表表尾端子处的电压接线如图 2-11 所示。

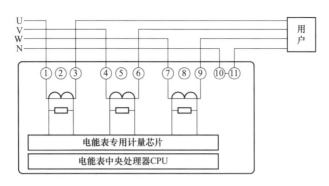

图 2-10　三相四线费控智能电能表电压回路

图 2-11　三相四线费控智能电能表表尾端子处的电压接线

　　费控智能电能表外部接线端子不区分电压端子和电流端子，只接入 U、V、W 三组相线及中性线，但是在接线端子处设置了电压连接片，在进入电能表之后将电压回路和电流采样回路进行分离，电压连接片断开后会造成失电压，电能表会少计电能。

　　三相四线费控智能电能表内部电压回路如图 2-12 所示。电能表内部电压接线先接入

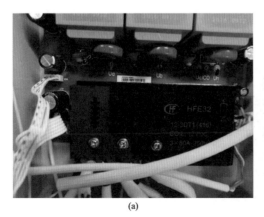

(a)

(b)

图 2-12　三相四线费控智能电能表内部电压回路

（a）电能表内部电压回路接入；（b）主板上电压接入

电源板，用于计量电压回路部分经分压处理后连接主板。主板上的电压回路经过处理后，将采集的电压信号数据传送给计量芯片进行计量。

掌握电能表内部结构及原理是分析表内是否发生窃电的必备理论基础。

2.2　小动力用户计量装置窃电查处

据统计，小动力用户可能存在改动互感器倍率窃电、表内分流窃电、错相序窃电等窃电方式，故掌握正确的查处窃电流程可以帮助检测人员快速查处窃电行为，提高反窃电稽查效率。

2.2.1　改动互感器倍率窃电查处

1. 查处窃电实例解析

📇 案情回顾

某供电公司用电稽查小组通过线损电量排查分析认定某宾馆存在重大窃电嫌疑，专业人员对用电信息采集数据进行比较、分析，判断该宾馆电流互感器存在问题，故对计量装置进行现场查看。经核实，该用户确实存在私自更换电流互感器的窃电行为。

据了解，该用户私自将倍率 100/5 的电流互感器更换成倍率 200/5 的电流互感器，使得电能表采集到的电流值比实际值要小，计量电能少于实际用电电能。了解到这一情况，现场稽查人员立即向公安机关报案，随后公安机关相关工作人员赶到窃电现场进行案件调查，现场取证。在事实清楚、证据确凿的情况下，窃电用户负责人对窃电事实供认不讳。

该用户承认窃电事实，并在"违约用电、窃电通知书"上签字确认，供电公司依据《供电营业规则》第 102 条规定及供电合同的相关约定已对现场中止供电，并对用电单位追收电费及违约使用金。

更换后的电流互感器现场图如图 2-13 所示。

更换后的TA

(a)　　　　　　　　　　(b)

图 2-13　更换后的电流互感器现场图

(a) 现场（一）；(b) 现场（二）

原理剖析

通过增加电流互感器匝数使电流互感器的变比增大，输入变换电路的电流减少，即计量芯片采样得到的信号减少，导致电能表少计电能，从而达到窃电的目的。

将小变比的电流互感器更换为大变比的电流互感器后计量到的电流值比实际值要小，现象描述中提到的用户将倍率 100/5 的电流互感器更换为倍率 200/5 的电流互感器，使得电能表计量的电流值减少了一半，现场测量检查数据见表 2-1。

表 2-1　　　　改动互感器倍率方式窃电现场检查测量数据

检测项	一次用电负荷侧电流			电能表电流		
电流	80	85	70	2	2.13	1.75

实际电能表的电流应为 4、4.26、3.5A。

增大电流互感器的变比后，电能表采集到的电流值比实际小，计量电能将少于实际电能。

2. 查处窃电流程

检查要点

（1）查看互感器的铭牌是否被更换过。

（2）检查互感器绕线是否正确。

（3）检查互感器是否被更换过。

（4）重点做好窃电取证及损失电量比例的计算。

（5）封存更改后的互感器、错误的绕线等窃电证据。

检查流程

为了得到合法有效的窃电证据，实现快速、有效查处目标，用电检查人员需要规范检查步骤。三相四线费控智能电能表改动电流互感器倍率方式窃电检查流程见表 2-2。

表 2-2　　　　三相四线费控智能电能表改动电流互感器倍率方式窃电检查流程

步骤	内容	说明
第一步：准备工作	摄像取证装备	摄像机：具有夜视功能的摄像机是查处窃电取证的必要工具。 手电筒：强光手电筒是用电检查工作的必要工具
	检测智能电能表的工具	智能电能表诊断仪器：分析、诊断电能表内部故障、电能表参数及误差的工具，基于瓦秒法测试误差的工具等
	检测计量回路的工具	低压负荷检测仪器：钳形电流表
	窃电证据保全准备	封条、纸箱、印油（按手印）等用于保全窃电证据的装备
第二步：检查重点	启动摄像取证	摄像取证：操作前、操作过程需要全程摄像取证，记录完整的检查过程，防止窃电用户诬陷用电检查人员的事件发生。 摄像取证的重点： （1）计量设备摄像取证：①进线；②表箱前面；③表箱后面。 （2）人员及现场环境：完整、清晰录用用电检查人员及用户代表的全景画面及对话。 （3）现场环境：要求含有检查人员、监护人员，能够表明窃电地点的明显标志，保证录制全程检查人员、监护人员与电表箱和电能表在同一画面内

续表

步骤	内容	说明
第二步：检查重点	检查表箱周围	表箱后面：检查表箱后面有无异物、划痕。 表箱进线：检查表箱进线孔内有无与计量无关的线缆。 表箱前面：检查表箱前面有无被破坏的痕迹
	检查表箱内部	开启表箱后，不要用手触碰计量装置及接线，且全过程摄像记录。检查二次回路是否有明显损坏及计量装置铅封是否正常，是否存在与计量无关的设备
	检测实际负荷	检查并记录用户的实际负荷，用钳形电流表测量： A相电流_____，B相电流_____，C相电流_____。 检查变压器容量_____，计算负荷率_____
	检测智能电能表	电能表的外观：电能表外观是否被破坏_____，是否受热变形_____。 电能表铭牌参数核对：电能表脉冲常数_____，额定电流_____。 查看电能表的报警信息_____。 用智能电能表诊断工具检查：电压_____，电流_____，功率因数_____。 最近一次开盖记录_____，误差_____。 最大需量_____，失电压记录_____，失电流记录_____
	检测计量回路	进线：有无异物_____。 二次电缆：有无异物、粘连_____。 相序：检查计量回路的相序是否正常_____
第三步：计算电量	检查结果确认	检查完毕，用户确认检查过程及结果
	测算损失比例	现场测量、计算窃电手段导致电量损失的比例_____
	窃电证据保全	将现场与窃电有关的证物贴封条、装箱，签字、按手印妥善保存

2.2.2 表内分流窃电查处

1. 查处窃电实例解析

📋 案情回顾

某小动力用户采用三相四线计量装置（合同容量为 100kW，电流互感器的变比为 150/5），稽查人员怀疑该用户窃电，多次现场检查却没有发现异常，然后对该用户进行现场监测。现场用钳形电流表测量发现一次电流为 120A，电能表电流只有 2A（正常大约 4A），表明存在分流现象。

电能表内部加装分流装置现场图如图 2-14 所示。

🧠 原理剖析

用户私自更换电能表采样电阻、电流互感器、晶振等元件，或是在电能表内部加装遥控接收装置都可以使得电能表少计量或是不计量，实现表内分流窃电。表内分流窃电原理如图 2-15 所示。电量 $W=Pt$，$P=3UI\cos\varphi$，分流现象发生时，电流值变小，则计算得出的功率值减小，同一时间段内计量的电量也会减少。

图 2-14　电能表内部加装分流装置现场图

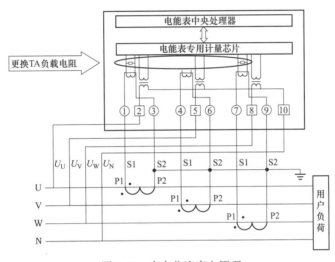

图 2-15　表内分流窃电原理

2. 查处窃电流程

检查要点

（1）通过小动力用户智能检查工具，检查开盖记录。

（2）若发现异常开盖记录，则需要认真检查窃电证据。

（3）将电能表拆开与正常的电能表进行比对，寻找差异。

（4）重点做好窃电取证及损失电量比例的计算。

（5）封存更改后的互感器或采样电阻、错误的绕线等窃电证据。

检查流程

为了得到合法有效的窃电证据，实现快速、有效查处的目标，用电检查人员需要规范检查流程。小动力用户表内分流方式窃电检查流程见表 2-3。

表 2-3   小动力用户表内分流方式窃电检查流程

步骤	内容	说明
第一步：准备工作	摄像取证装备	摄像机：具有夜视功能的摄像机是查处窃电取证的必要工具。 手电筒：强光手电筒是用电检查工作的必要工具
	检测智能电能表的工具	智能电能表诊断仪器：分析、诊断电能表内部故障、电能表参数及误差的工具，基于瓦秒法测试误差的工具等
	检测计量回路的工具	低压负荷检测仪器：钳形电流表
	窃电证据保全准备	封条、纸箱、印油（按手印）等用于保全窃电证据的装备
第二步：检查重点	启动摄像取证	摄像取证：操作前、操作过程需要全程摄像取证，记录完整的检查过程，防止窃电用户诬陷用电检查人员的事件发生。 摄像取证的重点： （1）计量设备摄像取证：①进线；②表箱前面；③表箱后面。 （2）人员及现场环境：完整、清晰录制用电检查人员及用户代表的全景画面及对话。 （3）现场环境：要求含有检查人员、监护人员，能够表明窃电地点的明显标志，保证录制全程检查人员、监护人员与电表箱和电能表在同一画面内
	检查表箱周围	表箱后面：检查表箱后面有无异物、划痕。 表箱进线：检查表箱进线孔内有无与计量无关的线缆。 表箱前面：检查表箱前面有无被破坏的痕迹
	检查表箱内部	开启表箱后，不要用手触碰计量装置及接线，且全过程摄像记录。检查二次回路是否有明显破坏及计量装置铅封是否正常，是否存在与计量无关的设备
	检测实际负荷	检查并记录用户的实际负荷，用钳形电流表测量： A 相电流_____，B 相电流_____，C 相电流_____。 检查变压器容量_____，计算负荷率_____
	检测智能电能表	电能表的外观：电能表外观是否被破坏_____，是否受热变形_____。 电能表铭牌参数核对：电能表脉冲常数_____，额定电流_____。 查看电能表的报警信息_____。 用智能电能表诊断工具检查：电压_____，电流_____，功率因数_____。 最近一次开盖记录_____，误差_____。 最大需量_____，失电压记录_____，失电流记录_____
	检测计量回路	进线：有无异物_____。 二次电缆：有无异物、粘连_____。 相序：检查计量回路的相序是否正常_____
第三步：计算电量	检查结果确认	检查完毕，用户确认检查过程及结果
	测算损失比例	现场测量、计算窃电手段导致电量损失的比例_____
	窃电证据保全	将现场与窃电有关的证物贴封条、装箱，签字、按手印妥善保存

2.2.3 错相序窃电查处

1. 查处窃电实例解析

📠 案情回顾

某供电公司在进行每月一次的例行检查中，发现某饭店电能计量箱的铅封已拆封，电能表电流示数显示为负值。经进一步排查，判断是以电能表 A 相电流反相的方式窃电，用电检查人员用相位伏安表对该用户的电能表进行了检测，结果发现 $(U_u \char`\^ I_u) = 160°$，$(U_v \char`\^ U_v) = 20°$，$(U_w \char`\^ U_w) = 20°$，最终判定该用户 U 相电流反相。

错相序方式窃电现场如图 2-16 所示。

图 2-16　错相序方式窃电现场

原理剖析

根据电能表的计量原理公式 $P=|\dot{U}||\dot{I}|\cos\varphi$（$\varphi$ 为电压超前电流的角度，即功率因数角），故意改变电能表二次回路的正常接线，造成 φ 不正确，使得功率 P 减小，电能计量减小。例如：

（1）调换电能表表尾电流的进、出线。

（2）调换电流互感器二次侧的极性。

（3）改变电压、电流到电能表的连接线相别。

调换电流互感器二次侧错相序窃电如图 2-17 所示。

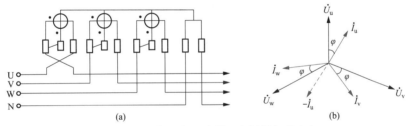

图 2-17　调换电流互感器二次侧错相序窃电

（a）接线图；（b）相量图

本案例中，用户 U 相极性反后，总功率为

$$P' = U_{un}I_u\cos(180° - \varphi_u) + U_{vn}I_v\cos\varphi_v + U_{wn}I_w\cos\varphi_w = U_LI_L\cos\varphi$$

正常情况下，总功率为

$$P = U_{un}I_u\cos\varphi_u + U_{vn}I_v\cos\varphi_v + U_{wn}I_w\cos\varphi_w = 3U_LI_L\cos\varphi$$

所以，更正系数为 $K_g = P/P' = 3$。又因为实际电量为 $W = KW'$，退补电量为

$$\Delta W = W - W' = (K - 1)W' = 2W'$$

2. 查处窃电流程

检查要点

（1）通过功率因数、相量图等方式分析、判断是否存在错相序方式窃电。

（2）经互感器接入电能表的计量方式要重点检查电流的极性与电压的对应关系。

（3）使用万用表对线缆进行导通测量，寻找窃电的位置。

（4）封存检查流程中测得的数据表等窃电证据。

📇 检查流程

为了得到合法有效的窃电证据，实现快速、有效查处目标，用电检查人员需要规范检查步骤。小动用户三相错相序方式窃电检查流程见表2-4。

表 2-4　　　　　　　小动力用户三相错相序方式窃电检查流程

步骤	内容	说明
第一步：准备工作	摄像取证装备	摄像机：具有夜视功能的摄像机是查处窃电取证的必要工具。 手电筒：强光手电筒是用电检查工作的必要工具
	检测智能电能表的工具	智能电能表诊断仪器：分析、诊断电能表内部故障、电能表参数及误差的工具，基于瓦秒法测试误差的工具等
	检测计量回路的工具	低压负荷检测仪器：钳形电流表。 检查相位关系的仪器：相位伏安表等
	窃电证据保全准备	封条、纸箱、印油（按手印）等用于保全窃电证据的装备
第二步：检查重点	启动摄像取证	摄像取证：操作前、操作过程需要全程摄像取证，记录完整的检查过程，防止窃电用户诬陷用电检查人员的事件发生。 摄像取证的重点： （1）计量设备摄像取证：①进线；②表箱前面；③表箱后面。 （2）人员及现场环境：完整、清晰录制用电检查人员及用户代表的全景画面及对话。 （3）现场环境：要求含有检查人员、监护人员，能够表明窃电地点的明显标志，保证录制全程检查人员、监护人员与电表箱和电能表在同一画面内
	检查表箱周围	表箱后面：检查表箱后面有无异物、划痕。 表箱进线：检查表箱进线孔内有无与计量无关的线缆。 表箱前面：检查表箱前面有无被破坏的痕迹
	检查表箱内部	开启表箱后，不要用手碰触计量装置及接线，且全程摄像记录。检查二次回路是否有明显损坏及计量装置铅封是否正常，是否存在与计量无关的设备
	检测实际负荷	检查并记录用户的实际负荷，用钳形电流表测量： U相电流＿＿＿＿，V相电流＿＿＿＿，W相电流＿＿＿＿。 检查变压器容量＿＿＿＿，计算负荷率＿＿＿＿
	检测智能电能表	电能表的外观：电能表外观是否被破坏＿＿＿＿，是否受热变形＿＿＿＿。 电能表铭牌参数核对：电能表脉冲常数＿＿＿＿，额定电流＿＿＿＿。 查看电能表的报警信息＿＿＿＿。 用智能电能表诊断工具检查：电压＿＿＿＿，电流＿＿＿＿，功率因数＿＿＿＿。 最近一次开盖记录＿＿＿＿，误差＿＿＿＿。 最大需量＿＿＿＿，失电压记录＿＿＿＿，失电流记录＿＿＿＿
	检测计量回路	进线：有无异物＿＿＿＿。 二次电缆：有无异物、粘连＿＿＿＿。 相序：检查计量回路的相序是否正常＿＿＿＿
第三步：计算电量	检查结果确认	检查完毕，用户确认检查过程及结果
	测算损失比例	现场测量、计算窃电手段导致电量损失的比例＿＿＿＿
	窃电证据保全	将现场与窃电有关的证物贴封条、装箱，签字、按手印妥善保存

2.3　小动力用户查处窃电方法实训

学习反窃电理论知识及方法的目的是快速提高用电检查人员的反窃电技能，从而提升反窃电稽查效率，降低线路损失率。本节根据本章前文所讲述的查处窃电流程，搭建与用电检查现场高度吻合的环境，供学员进行反窃电方法实操演练，实现理论与实际操作的零距离衔接。

2.3.1 培训作业指导书

1. 目标及内容（见表2-5）

表 2-5 目 标 及 内 容

课程名称：如何对小动力用户查处窃电		
	知识目标	能力（技能）目标
培训目标	（1）熟悉小动力计量系统。 （2）通过反窃电仿真平台掌握小动力反窃电的方法。 （3）了解现在的各种小动力计量系统的窃电方式。 （4）掌握通过小动力实操平台现场查处窃电的方法	（1）熟悉小动力计量系统。 （2）了解小动力计量系统常见的窃电方式及现象
能力训练 任务及案例	任务一：掌握小动力计量方式常见窃电方式及反窃电的方法。 任务二：通过实训教学屏，对各环节窃电数据进行直观的了解	
参考资料	《供电营业规则》《反窃电管理办法》	

2. 教学设计（见表2-6）

表 2-6 教 学 设 计

步骤	教学内容	教学方法	教学手段	学员活动	时间分配
引入、告知 （教学内容、目的）	组织教学： 学员按学号分成12个小组。 内容回顾： 回顾反窃电工作的重点和难点。 引入本次课程的主要任务： （1）掌握小动力计量系统的薄弱环节。 （2）掌握小动力计量系统常见的窃电方式及现象	讲授	多媒体教学	听讲、记录	30min
讲授或实训 （掌握基本技能，加深对基本技能的体会，巩固、拓展、检验）	任务一： （1）反窃电现状。 （2）小动力计量系统的介绍及易发生窃电的位置。 （3）常用反窃电工具。 （4）典型案例。 （5）现场注意事项	讲授案例、提问、讨论、模拟	多媒体教学	阅读、听讲、记录、互动	20min
	任务二： （1）利用实训教学屏让学员直观了解窃电发生时计量回路各环节的数据变化。 （2）组织学员分组进行实际操作				20min

续表

步骤	教学内容	教学方法	教学手段	学员活动	时间分配
总结、归纳 （知识、能力）	（1）回顾小动力计量系统常见的窃电类型。 （2）总结小动力计量系统的反窃电方法	讨论案例	多媒体教学	听讲、记录	10min
作业	小动力计量方式采取的防窃电措施有哪些			记录	
后记					

2.3.2 查处窃电方法实训

小动力用户计量系统查处窃电方法实训在如图 2-18 所示的实训教学屏上进行。在该实训屏上，可进行多种方式窃电现象的分析及反窃电原理和方法的理论练习，掌握不同计量元件的测试方法，明确取证关键部位，为现场实操应用做准备。

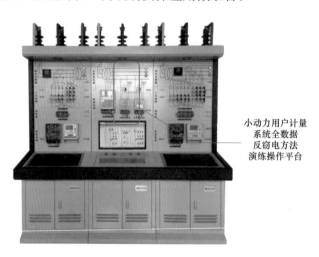

小动力用户计量系统全数据反窃电方法演练操作平台

图 2-18 实训教学屏

以小动力用户计量系统中电能表内部分流窃电方式为例进行小动力用户查处窃电方法实训，学会观察窃电前后的数据变化、分析数据、使用测量工具等。

📅 操作流程

第一步：用户信息登记

记录用户的计量方式、电压等信息，注意记录要准确、详细，用于与现场实际用电情况及数据进行对比，对用户异常用电情况做基本验证。

第二步：测量电能表前电流和电压数据

用钳形电流表和万用表测量电能表前电流和电压数据，将 I_{ul}、I_{vl}、I_{wl}、U_{ul}、U_{vl}、U_{wl} 测量数据进行记录。电能表前电流数据测量位置如图 2-19 所示。测量电能表前电流数据如图 2-20 所示。测量电能表前电压数据如图 2-21 所示。

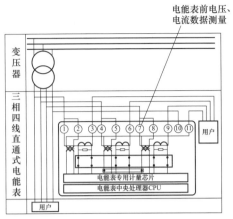

图 2-19　电能表前电流数据测量位置

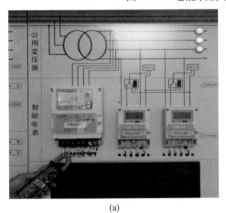

(a)

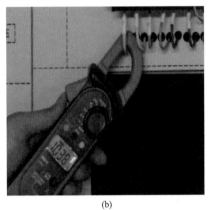

(b)

图 2-20　测量电能表前电流数据

（a）远景；（b）近景

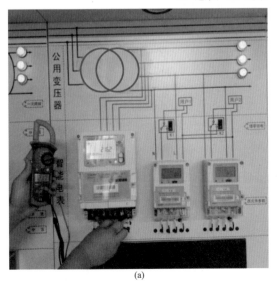

(a)

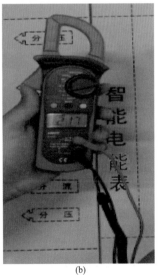

(b)

图 2-21　测量电能表前电压数据

（a）远景；（b）近景

表前数据读取结果见表 2-7。

表 2-7 表 前 数 据 读 取 结 果

测量工具	钳形电流表、万用表	
测量位置	三相表前接线数据	
数据	$I_{u1}=\underline{1.04}A$；$I_{v1}=\underline{1.03}A$；$I_{w1}=\underline{1.02}A$	$U_{u1}=\underline{217}V$；$U_{v1}=\underline{221}V$；$U_{w1}=\underline{219}V$
分析	进入电能表前的电压、电流值正常	

第三步：查看电能表数据——记录电能表信息

电能表显示数据记录用户当前的真实用电情况，在电能表中可以通过操作电能表液晶显示屏旁边的上下按键读取用户电压、电流、功率等信息，将电能表数据与表前数据对比，进一步判定用户的异常情况。电能表数据记为 I_{u2}、I_{v2}、I_{w2}、U_{u2}、U_{v2}、U_{w2}、P_{u}、P_{v}、P_{w}、$\cos\varphi_{u}$、$\cos\varphi_{v}$、$\cos\varphi_{w}$。

借中性线窃电表内数据测量如图 2-22 所示。读取表内电流数据如图 2-23 所示。读取表内电压数据如图 2-24 所示。

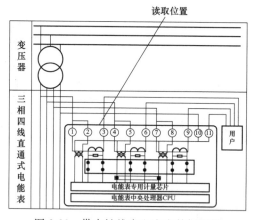

图 2-22 借中性线窃电表内数据测量

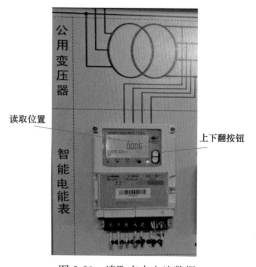

图 2-23 读取表内电流数据

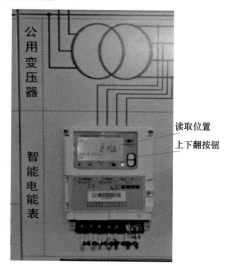

图 2-24 读取表内电压数据

表内数据读取结果见表 2-8。

表 2-8 表 内 数 据 读 取 结 果

测量工具及数据取得方式	电能表，液晶显示屏直接读取	
测量位置	电能表内部	
数据	$I_{u2}=0.006A$；$I_{v2}=1.05A$；$I_{w2}=1.04A$	$U_{u2}=215.6V$；$U_{v2}=217V$；$U_{w2}=220V$
分析	电能表显示电压与电能表前测试电压基本一致，而电能表 u 相显示电流小于电能表前测试电流值	

第四步：后台数据分析

后台数据分析如图 2-25 所示。

第五步：检查结果

表前、电能表测量结果对比如图 2-26 所示。

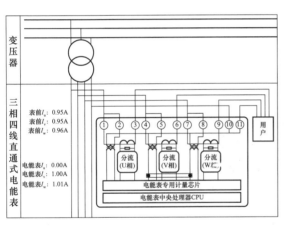

图 2-25 后台数据分析

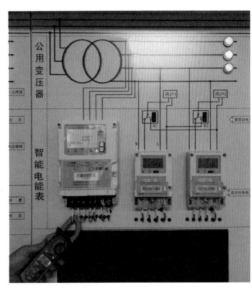

图 2-26 表前、电能表测量结果对比

测量表前与表内的电流结果见表 2-9。

表 2-9 测量表前与表内的电流结果

测量工具及数据取得方式	钳形电流表，液晶显示屏直接读取	
测量位置	U 相表前电流、表内电流	
数据	$I_{u1}=1.04A$	$I_{u2}=0.007A$
分析	比较 A 相表前电流和电能表内部电流，判断为表内有分流窃电	

2.3.3 用电现场查处窃电操作实训

小动力用户查处窃电案例：通过对"营销 SG186 业务应用系统"数据的筛选、分析，初步诊断某用户有异常用电情况，现需到现场进行用电检查。

第一步：工作前准备

人员分工要明确：3人一组，其中1人测量、1人监护并记录、1人全程摄像取证，以小组为单位进行练习。

工具准备要齐全：取证工具、测量工具、高科技反窃电设备等。

着装要求规范：按照供电服务和相应安全规程要求，穿戴绝缘鞋、安全帽、长袖纯棉上衣、低压绝缘手套或线手套。

具体的工作前准备见表2-10。

表2-10　　　　　　　　　　　　工 作 前 准 备

步骤	内容	说明
第一步：准备工作	着装正确	按照供电服务和相应安全规程要求正确着装
	工具准备	一次性正确选取现场检查的常用工具和仪器、仪表
	摄像取证装备	摄像机：具有夜视功能的摄像机是查处窃电取证的必要工具。手电筒：强光手电筒是用电检查工作的必要工具
	窃电证据保全准备	封条、纸箱、印油（按手印）等用于保全窃电证据的装备

第二步：检查过程

在如图2-27所示的查处窃电操作平台上进行用电现场查处窃电操作。检查过程见表2-11。

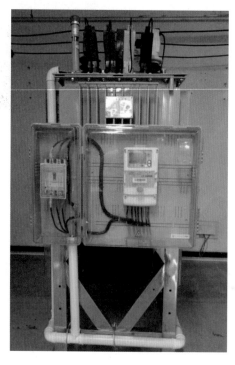

图2-27　查处窃电操作平台

表 2-11 　　　　　　　　　　　　　检 查 过 程

第二步：检查重点	进入现场	出示检查证件
	启动摄像取证	摄像取证：操作前、操作过程需要全程摄像取证，记录完整的检查过程，防止窃电用户诬陷用电检查人员的事件发生。 摄像取证的重点： (1) 计量设备摄像取证：①进线；②表箱前面；③表箱后面。 (2) 人员及现场环境：完整、清晰录制用电检查人员及用户代表的全景画面及对话。 (3) 现场环境：要求含有检查人员、监护人员，能够表明窃电地点的明显标志，保证录制全程检查人员、监护人员与电表箱和电能表在同一画面内
	检查表箱周围	表箱后面：检查表箱后面有无异物、划痕。 表箱进线：检查表箱进线孔内有无与计量无关的线缆。 表箱前面：检查表箱的前面有无被破坏的痕迹
	检查表箱内部	开启表箱后，不要用手触碰计量装置及接线，且全程摄像记录。检查二次回路是否有明显损坏及计量装置铅封是否正常，是否存在与计量无关的设备
	测量表前电流和电压	 测量位置：电能表进线电流 电流：I_{u1}＝0.51A；I_{v1}＝0.53A；I_{w1}＝0.52A 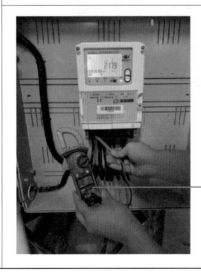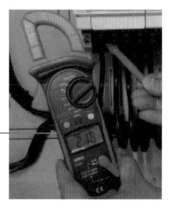

	进入现场	出示检查证件
	测量表前电流和电压	测量位置：电能表进线电压 电压：$U_{u1}=217.9V$；$U_{v1}=219V$；$U_{w1}=218V$
	检测智能电能表	电能表外观检查详细项目见第1章的检查流程。 查看电能表报警信息。 对电能表的铭牌参数进行核对
第二步： 检查重点	电能表液晶显示屏数据或红外掌机抄读数据	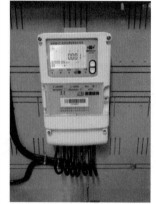 测量位置：电能表内部电流 电流： $I_{u2}=0.001A$； $I_{v2}=1.036A$； $I_{w2}=1.02A$  测量位置：电能表内部电压 电压： $U_{u2}=216.2V$； $U_{v2}=220.6V$； $U_{w2}=219.4V$

第三步：检查结果

根据现场检查结果，对用户现场下达"违约用电、窃电通知书"，用户确认后签字。检查结果见表 2-12。

表 2-12   检 查 结 果

第三步： 计算电量	检查结果确认	 检查完毕，根据用户用电信息，正确填写"违约用电、窃电通知书"，然后用户确认检查过程及结果，并在"违约用电、窃电通知书"上签字
第三步： 计算电量	测算损失比例	现场测量、计算窃电手段导致电量损失的比例_____
	窃电证据保全	将现场与窃电有关的证物贴封条、装箱，签字、按手印妥善保存

小　　结

针对小动力用户，通过分析计量系统的原理及薄弱环节，了解小动力用户计量系统在防范窃电方面存在的一些盲区。

⭐ 活学活用

以上检查流程是查处窃电的有效方法，利用以上方法计算二次电缆分流窃电的损失电量。

📢 误区警示

（1）未取得有效证据，不做停电处理。
（2）未测量到电量损失比例，不做停电处理。

第3章

高供低计专用变压器
用户查处窃电

3.1 高供低计专用变压器用户计量装置工作原理

高供低计专用变压器用户计量装置包括三相四线智能电能表、三相四线接线盒、二次电缆、低压电流互感器及表箱等部分。计量装置中的每个元件及联络部分都是易被攻击的窃电位置。对于用电检查人员，了解高供低计计量装置的薄弱环节是查处窃电的必备知识。高供低计专用变压器用户计量系统中，三相四线电能表是窃电者首选的目标，下文对高供低计专用变压器用户采用的电能表的结构及薄弱点做重点介绍。

3.1.1 高供低计专用变压器用户计量系统

高供低计专用变压器用户计量系统如图 3-1 所示。

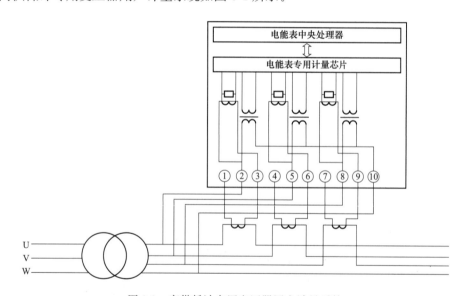

图 3-1 高供低计专用变压器用户计量系统

3.1.2 三相四线接线盒

计量接线盒在计量系统中的应用很普遍。针对越来越多通过接线盒窃电的情况，现对接线盒的作用与接线情况进行简单介绍，其在高供低计计量系统中的位置如图 3-2 所示。

电能计量接线盒分为联合接线盒和普通接线盒，如图 3-3 所示。电能计量接线盒主要用在带负荷情况下调换或现场检验电能表、电气仪表、继电保护等电气设备，确保了操作安全，提高了现场工作效率，对提高计量正确性起到了积极的作用。各相电压、电流具有相序标志，既方便联合接线，又可避免因相序接错而造成的计量错误。接线盒的盖板用两只可封印的螺钉固定，有利于防窃电工作。

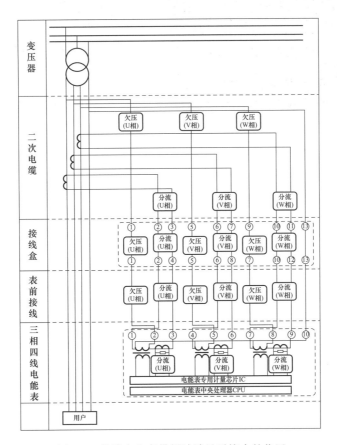

图 3-2　接线盒在高供低计计量系统中的位置

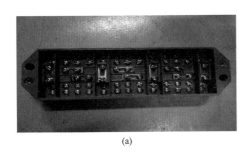

(a)

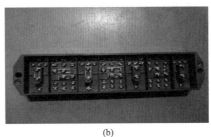

(b)

图 3-3　电能计量接线盒

（a）联合接线盒；（b）普通接线盒

三相四线接线盒接线如图 3-4 所示。

接线盒是易发生窃电的位置，有利用接线盒自身的连接片短接电流回路、松动电压连接片螺钉、接线盒后短接分流等窃电行为。

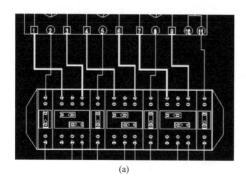
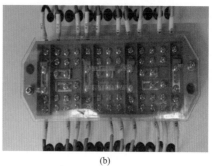

(a)　　　　　　　　　　　　　　　　　(b)

图 3-4　三相四线接线盒接线

（a）原理图；（b）现场图

3.1.3　低压电流互感器

高供低计计量方式需要经过低压电流互感器来进行计量。低压电流互感器及二次电缆在高供低计计量系统中的位置如图 3-2 所示。低压电流互感器的作用如下：

（1）将大电流变换成小电流。

（2）减少了仪表的制造规格，除直接接入式电能表外，电流二次回路均以 5A 为主。

（3）隔离大电流，保证人员和仪表的安全。

低压电流互感器外观如图 3-5 所示。低压电流互感器标准接线如图 3-6 所示。

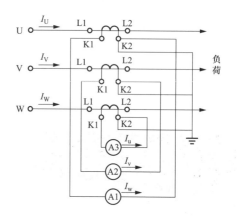

图 3-5　低压电流互感器外观　　　　图 3-6　低压电流互感器标准接线

1. 低压电流互感器概述

低压电流互感器分为测量用电流互感器和保护用电流互感器。测量用电流互感器可以用来计量（计费）和测量运行设备的电流。保护用电流互感器与继电保护装置配合，在线路发生故障时，向继电装置提供信号切断故障电路，以保护供电系统的安全。针对电流互感器存在改变互感器变比、直接更换电流互感器的窃电行为，在反窃电过程中要着重检查。

2. 低压电流互感器的铭牌

低压电流互感器的铭牌中，明确标明了互感器的基本参数信息，如图3-7所示：型号为LMZJ1-0.5；适用电压等级为0.5kV；互感器制作所依据的标准为GB 1208—2006；额定电流变比为400/5；频率为50Hz；计量准确度为0.5级；容量范围是3.75～5VA；一次电流与一次卷绕匝数比例（一次侧穿过的匝数越多，电流变比越小）。在用电检查过程中，要注意互感器铭牌和用户报装信息是否相符，防止更换互感器铭牌或更换互感器的窃电行为发生。

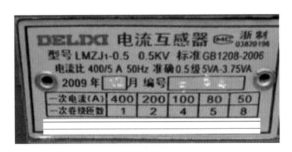

图3-7　低压电流互感器的铭牌

3. 低压电流互感器的标志

（1）低压电流互感器一次进线端标志。低压电流互感器一次进线端标志如图3-8（a）所示，电流互感器的P1（或L1）代表进线端，P2（或L2）代表出线端。如果在三相负载均衡情况下，一次线极性反向，功率和电能表不能准确计量。

（a）　　　　　　　　　　　　　　（b）

图3-8　低压电流互感器进出线端子标志

（a）一次进线端标志；（b）二次输出端标志

（2）低压电流互感器二次输出端标志。低压电流互感器二次输出端标志如图3-8（b）所示，电源从P1进P2出接负载，则二次侧S1（或K1）接电能表的电流入端（即电能表的1、4、7孔），对应的S2（或K2）分别接电能表的电流出端（即电能表的3、6、9孔）即可。低压电流互感器二次侧接线如图3-9所示。

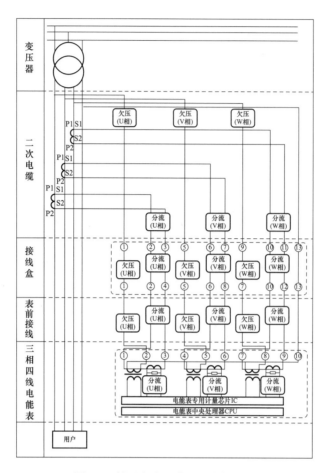

图 3-9　低压电流互感器二次侧接线

电流互感器绕组应按减极性连接，若 S1、S2 接错，则会造成极性反。一相电流极性反接则少计 2/3 电量。

4. 低压电流互感器的原理

电流互感器是一种专门用来变换电流的特种变压器，其一次绕组串联在被测电流的线路上，二次绕组串接测量仪表、继电装置、自动装置等二次设备。由于各类测量仪表、继电装置、自动装置的阻抗很小，正常运行时，二次绕组接近于短路状态。在正常使用条件下，二次电流与一次电流成正比，二次负荷对一次电流不会造成影响。

3.2　高供低计专用变压器用户计量装置窃电查处

针对高供低计专用变压器用户计量方式，存在改动电流互感器倍率窃电、二次电缆分流窃电、接线盒分流窃电、错相序窃电、改电能表内元件窃电、强磁干扰窃电、高频干扰窃电等行为，用电检查人员应正确掌握反窃电检查方法，解决实际工作中遇到的问题。

3.2.1 改动电流互感器倍率窃电查处

1. 查处窃电实例解析

📋 案情回顾

某供电所进行例行检查，发现一化工厂存在窃电嫌疑，通过用电信息采集系统调取了用户的基本信息：该用户计量方式为高供低计，合同容量为 200kVA，电流互感器的变比为 200/5。到达现场，经实际排查发现该工厂并无明显短接线，检查人员用变比测试仪测量并计算后，发现该厂电流互感器的铭牌（见图 3-10）变比与实际测得的变比不一致，电流互感器的铭牌变比为 200/5，实际测得一次电流为 23.50A，二次电流为 0.32A，即实际变比约为 73.43，与铭牌不符。经核实，判定该厂改动了电流互感器内部线圈匝数，使电流互感器变比变小，从而达到少计量的目的。

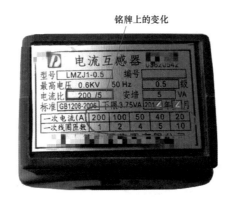

图 3-10　电流互感器铭牌

在整个查处过程中，检查人员全程进行录像取证，在证据面前，该厂承认更改过电流互感器的事实，查处后，该厂补交了损失电费及违约使用电费。

⚙️ 原理剖析

电流互感器的变比 $K=\dfrac{N_1}{N_2}=\dfrac{I_2}{I_1}$，减少电流互感器一次侧匝数或者增加电流互感器二次侧匝数将使电流互感器的变比 K 减小，当一次侧的电流不变时，二次侧感应到的电流将变小，达到少计量的目的。改变电流互感器的变比窃电原理如图 3-11 所示，减少电流互感器一次侧匝数，变比减小，得到的二次侧的电流减小。

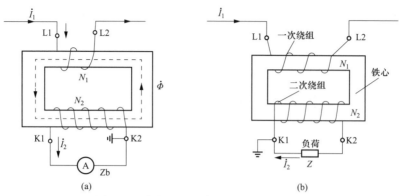

(a)   (b)

图 3-11   改变电流互感器的变比窃电原理

（a）电流互感器原理图；（b）电流互感器改变变比后原理图

2. 查处窃电流程

🔍 **检查要点**

（1）检查电能表的铅封是否完好。

（2）通过高供低计用户智能检查工具，读取开盖记录。若发现异常开盖记录，则需要认真查找窃电证据。

（3）重点做好窃电取证及损失电量比例的计算。

（4）封存电能表、遥控接收器等窃电证据。

🛡 **检查流程**

为了得到合法有效的窃电证据，实现快速、有效查处目标，用电检查人员需要规范检查步骤。高供低计专用变压器用户改动互感器倍率方式窃电检查流程见表 3-1。

表 3-1   高供低计专用变压器用户改动互感器倍率方式窃电检查流程

步骤	内容	说明
第一步： 准备工作	摄像取证装备	摄像机：具有夜视功能的摄像机是查处窃电取证的必要工具。 手电筒：强光手电筒是用电检查工作的必要工具
	检测智能电能表工具	智能电能表诊断仪器：分析、诊断电能表内部故障、电能表参数及误差的工具，基于瓦秒法测试误差的工具等
	检测计量回路的工具	低压负荷检测仪器：钳形电流表。 高压负荷检测仪器：高压变比测试仪。 检查相位关系的仪器：相位伏安表等
	窃电证据保全准备	封条、纸团、印油（按手印）等用于保全窃电证据的装备
第二步： 检查重点	启动摄像取证	摄像取证：操作前、操作过程需要全程摄像取证，记录完整的检查过程，防止窃电用户诬陷用电检查人员的事件发生。 摄像取证的重点： （1）计量设备摄像取证：①进线；②表箱前面；③表箱后面。 （2）人员及现场环境：完整、清晰录制用电检查人员及用户代表的全景画面及对话。 （3）现场环境：要求含有检查人员、监护人员，能够表明窃电地点的明显标志，保证录制全程检查人员、监护人员与电表箱和电能表在同一画面内

续表

步骤	内容	说明
第二步：检查重点	检查表箱周围	表箱后面：检查表箱后面有无异物、划痕。 表箱进线：检查表箱进线孔内有无与计量无关的线缆。 表箱前面：检查表箱前面有无被破坏的痕迹
	检查表箱内部	开启表箱后，不要用手触碰计量装置及接线，且全过程摄像记录。检查二次回路是否有明显损坏及计量装置铅封是否正常，是否存在与计量无关的设备
	检测实际负荷	检查并记录用户的实际负荷，用钳形电流表测量： U 相电流_____，V 相电流_____，W 相电流_____。 检查变压器容量_____，计算负荷率_____，互感器变比_____
	检测智能电能表	电能表的外观：电能表外观是否被破坏_____，是否受热变形_____。 电能表铭牌参数核对：电能表脉冲常数_____，额定电流_____。 查看电能表的报警信息_____。 用智能电能表诊断工具检查：电压_____，电流_____，功率因数_____。 最近一次开盖记录_____，误差_____。 最大需量_____，失电压记录_____，失电流记录_____
	检测计量回路	进线：有无异物_____。 二次电缆：有无异物、粘连_____。 接线盒：连接片_____，螺钉_____，进线_____，出线_____。 相序：检查计量回路的相序是否正常
第三步：计算电量	检查结果确认	检查完毕，用户确认检查过程及结果
	测算损失比例	现场测量、计算窃电手段导致电量损失的比例_____
	窃电证据保全	将现场与窃电有关的证物贴封条、装箱，签字、按手印妥善保存

3.2.2 二次电缆分流窃电查处

1. 查处窃电实例解析

📋 案情回顾

某供电公司通过用电信息采集系统，发现合同容量为 250kVA，电流互感器的变比为 300/5 的一食品加工厂用电记录异常，确定该厂有窃电嫌疑。随即派检查人员对该厂进行排查，但该厂工作人员多方阻挠，一再阻止检查人员进行排查。

用电检查人员考虑到问题的特殊性，用专用反窃电监测设备采集数据，发现电流互感器的电流明显比电能表内计量的电流值要大，初步确定窃电位置发生在二次电缆处。

于是，检查人员在安装套管中的二次电缆上进行了拆管检查，终于发现其作案手段。用户通过剥开进入接线盒计量二次电缆的绝缘层，利用焊锡实现在二次电流线上短接窃电。

二次电缆内部分流现场如图 3-12 所示。

🧠 原理剖析

利用二次电缆内部安装分流装置或短接的方法，使电能表的电流线圈无电流通过或只通过部分电流，从而达到少计电量的目的，其原理如图 3-21 所示。

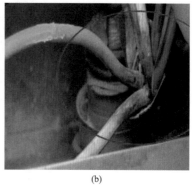

图 3-12 二次电缆内部分流现场

(a) 现场（一）；（b) 现场（二）

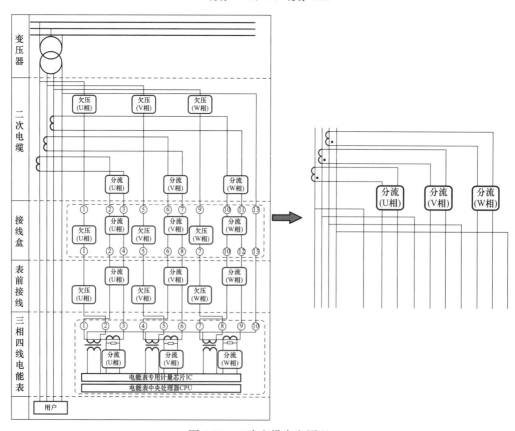

图 3-13 二次电缆窃电原理

2. 查处窃电流程

检查要点

（1）二次电缆接线是否正确。
（2）二次电缆绝缘层是否有被破坏的痕迹。
（3）二次电缆间是否存在粘连情况。
（4）检查互感器二次侧的电流与进接线盒的电流是否有异常。

检查流程

为了得到合法有效的窃电证据，实现快速、有效查处目标，用电检查人员需要规范检查步骤。高供低计专用变压器用户二次电缆分流方式窃电检查流程见表 3-2。

表 3-2　　　　　　　高供低计专用变压器用户二次电缆分流方式窃电检查流程

步骤	内容	说明
第一步：准备工作	摄像取证装备	摄像机：具有夜视功能的摄像机是查处窃电取证的必要工具。 手电筒：强光手电筒是用电检查工作的必要工具
	检测智能电能表的工具	智能电能表诊断仪器：分析、诊断电能表内部故障、电能表参数及误差的工具，基于瓦秒法测试误差的工具等
	检测计量回路的工具	低压负荷检测仪器：钳形电流表。 高压负荷检测仪器：高压变比测试仪。 检查相位关系的仪器：相位伏安表等
	窃电证据保全准备	封条、纸箱、印油（按手印）等用于保全窃电证据的装备
第二步：检查重点	启动摄像取证	摄像取证：操作前、操作过程需要全程摄像取证，记录完整的检查过程，防止窃电用户诬陷用电检查人员的事件发生。 摄像取证的重点： （1）计量设备摄像取证：①进线；②表箱前面；③表箱后面。 （2）人员及现场环境：完整、清晰录制用电检查人员及用户代表的全景画面及对话。 （3）现场环境：要求含有检查人员、监护人员，能够表明窃电地点的明显标志，保证录制全程检查人员、监护人员与电表箱和电能表在同一画面内
	检查表箱周围	表箱后面：检查表箱后面有无异物、划痕。 表箱进线：检查表箱进线孔内有无与计量无关的线缆。 表箱前面：检查表箱前面有无被破坏的痕迹
	检查表箱内部	开启表箱后，不要用手触碰计量装置及接线，且全程摄像记录。检查二次回路是否有明显损坏及计量装置铅封是否正常，是否存在与计量无关的设备
	检测实际负荷	检查并记录用户的实际负荷，用钳形电流表测量： U 相电流_____，V 相电流_____，W 相电流_____。 检查变压器容量_____，计算负荷率_____
	检测智能电能表	电能表的外观：电能表外观是否被破坏_____，是否受热变形_____。 电能表铭牌参数核对：电能表脉冲常数_____，额定电流_____。 查看电能表的报警信息_____。 用智能电能表诊断工具检查：电压_____，电流_____，功率因数_____。 最近一次开盖记录_____，误差_____。 最大需量_____，失电压记录_____，失电流记录_____
	检测计量回路	进线：有无异物_____。 二次电缆：有无异物、粘连_____。 接线盒：连接片_____，螺钉_____，进线_____，出线_____。 相序：检查计量回路的相序是否正常

续表

步骤	内容	说明
第三步：计算电量	检查结果确认	检查完毕，用户确认检查过程及结果
	测算损失比例	现场测量、计算窃电手段导致电量损失的比例_____
	窃电证据保全	将现场与窃电有关的证物贴封条、装箱，签字、按手印妥善保存

3.2.3　接线盒分流窃电查处

1. 查处窃电实例解析

📠 **案情回顾**

某供电公司对高损耗线路进行普查，检查某制衣厂时，将合同容量 200kVA、电流互感器变比 200/5 与用户的实际用电情况进行比对发现，该制衣厂存在违约用电的嫌疑，决定突击检查。

次日中午，用电检查人员使用专门的反窃电设备来监测制衣厂的用电状况。经现场抄录的数据分析发现一次电流明显高于表内、表前电流值，如图 3-14 所示。初步判断窃电分流位置可能出现在接线盒和二次电缆处。

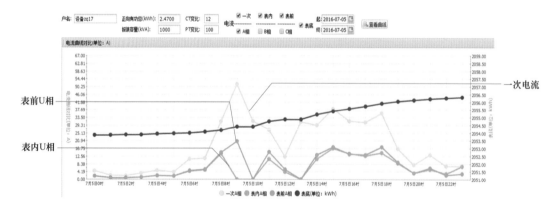

图 3-14　数据分析

马上通知用户，进行检查。现场检查照片如图 3-15 所示。最终发现接线盒铅封被破坏，接线盒背面焊有短接线（见图 3-16），用户在进行分流窃电。

⚙️ **原理剖析**

接线盒在计量装置中主要用在带负荷情况下调换或现场检验电能表、电气仪表、继电保护等电气设备，确保了操作安全，提高了现场工作效率，对提高计量正确性起到了积极的作用。各相电压、电流具有相序标志，既方便联合接线，又可避免因相序接错而造成的计量错误。三相四线接线盒内部分流窃电原理如图 3-17 所示。

56

图 3-15 现场检查照片

图 3-16 经过处理的接线盒背面

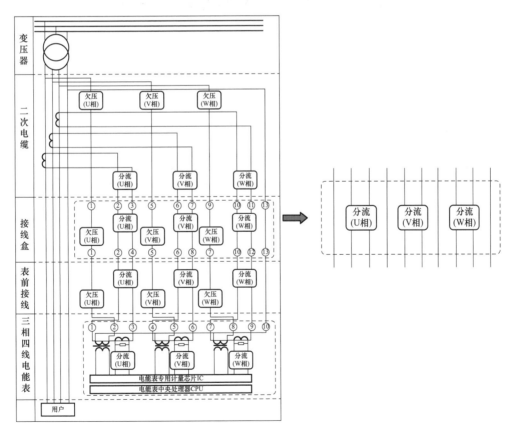

图 3-17 三相四线接线盒内部分流窃电原理

2. 查处窃电流程

🔍 **检查要点**

（1）检查接线盒连接片、螺钉是否有划痕。

（2）测量接线盒两侧的电流值是否正常。

接线盒连接片短接分流如图 3-18 所示。

图 3-18　接线盒连接片短接分流

🛡 **检查流程**

为了得到合法有效的窃电证据，实现快速、有效查处的目标，用电检查人员需要规范检查步骤。高供低计专用变压器用户接线盒方式窃电检查流程见表 3-3。

表 3-3　　　　　　　高供低计专用变压器用户接线盒方式窃电检查流程

步骤	内容	说明
第一步：准备工作	摄像取证装备	摄像机：具有夜视功能的摄像机是查处窃电取证的必要工具。 手电筒：强光手电筒是用电检查工作的必要工具
	检测智能电能表的工具	智能电能表诊断仪器：分析、诊断电能表内部故障、电能表参数及误差的工具，基于瓦秒法测试误差的工具等
	检测计量回路的工具	低压负荷检测仪器：钳形电流表。 高压负荷检测仪器：高压变比测试仪。 检查相位关系的仪器：相位伏安表等
	窃电证据保全准备	封条、纸箱、印油（按手印）等用于保全窃电证据的装备
第二步：检查重点	启动摄像取证	摄像取证：操作前、操作过程需要全程摄像取证，记录完整的检查过程，防止窃电用户诬陷用电检查人员的事件发生。 摄像取证的重点： （1）计量设备摄像取证：①进线；②表箱前面；③表箱后面。 （2）人员及现场环境：完整、清晰录制用电检查人员及用户代表的全景画面及对话。 （3）现场环境：要求含有检查人员、监护人员，能够表明窃电地点的明显标志，保证录制全程检查人员、监护人员与电表箱和电能表在同一画面内

步骤	内容	说明
第二步：检查重点	检查表箱周围	表箱后面：检查表箱后面有无异物、划痕。 表箱进线：检查表箱进线孔内有无与计量无关的线缆。 表箱前面：检查表箱前面有无被破坏的痕迹
	检查表箱内部	开启表箱后，不要用手触碰计量装置及接线，且全过程摄像记录。检查二次回路是否有明显损坏及计量装置铅封是否正常，是否存在与计量无关的设备
	检测实际负荷	检查并记录用户的实际负荷，用钳形电流表测量： U 相电流_____，V 相电流_____，W 相电流_____。 检查变压器容量_____，计算负荷率_____
	检测智能电能表	电能表的外观：电能表外观是否被破坏_____，是否受热变形_____。 电能表铭牌参数核对：电能表脉冲常数_____，额定电流_____。 查看电能表的报警信息_____。 用智能电能表诊断工具检查：电压_____，电流_____，功率因数_____。 最近一次开盖记录_____，误差_____。 最大需量_____，失电压记录_____，失电流记录_____
	检测计量回路	进线：有无异物_____。 二次电缆：有无异物、粘连_____。 接线盒：连接片_____，螺钉_____，进线_____，出线_____。 相序：检查计量回路的相序是否正常
第三步：计算电量	检查结果确认	检查完毕，用户确认检查过程及结果
	测算损失比例	现场测量、计算窃电手段导致电量损失的比例_____
	窃电证据保全	将现场与窃电有关的证物贴封条、装箱，签字、按手印妥善保存

3.2.4 错相序窃电查处

1. 查处窃电实例解析

📋 案情回顾

某供电公司相关人员通过用电信息采集系统发现某煤炭加工厂数据异常：三相有功功率之和与总有功功率不相等，各相的功率因数发生明显的变化，图 3-19 所示。

曲线名称	0:00	1:00	2:00	3:00	4:00	5:00	6:00	7:00
17 有功功率(kW)	0.5177	0.6148	0.6450	0.0009	0.2516	0.7584	0.5739	0.0005
18 U相有功功率(kW)	0.5057	0.5966	0.6312	0.0001	0.2418	0.7442	0.5656	0.0002
19 V相有功功率(kW)	0.4742	0.5630	0.5972	0.0026	0.2229	0.7062	0.5412	0.0000
20 W相有功功率(kW)	0.4862	0.5812	0.8110	0.0016	0.2328	0.7205	0.5496	0.0004
21 总功率因数(%)	84.3	88.7	92.0	52.9	89.5	91.8	93.5	99.5
22 U相功率因数(%)	81.6	86.8	90.5	100.0	87.2	90.3	92.3	100.0
23 V相功率因数(%)	79.0	85.3	89.2	58.9	85.2	89.0	91.5	100.0
24 W相功率因数(%)								

图 3-19 错相序方式窃电现象分析

工作人员赶到现场核实，经逐步排查发现，该煤炭加工厂属于高供低计计量方式，合同容量为 250kVA，电流互感器的变比为 300/5。

工作人员到场后发现计量箱铅封有明显改动痕迹，用现场稽查仪检查（见图 3-20）发现 V 相的电流线反接，造成表计错误。

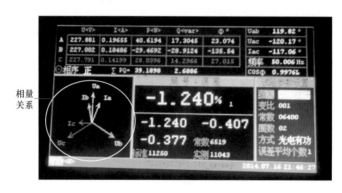

图 3-20　现场稽查仪检查分析

根据现场这一情况，工作人员确定该用户的确存在窃电行为。这一窃电手法十分明显，在事实证据面前，嫌疑人对窃电行为供认不讳。工作人员在现场进行录像取证之后当即停止供电，并下达"违约用电、窃电通知书"，要求当事人签字并在规定的时间内到供电公司办理相关手续。

原理剖析

电流相位的变化可以影响功率计量值的大小，不法用户通过将电流互感器二次侧其中一相反接，改变反接相的进表电流相位，达到使电能表少计电量的目的。错相序方式窃电原理剖析如图 3-21 所示，V 相的电流线反接了，使 $P_{总} = P_U + (-P_V) + P_W$，使总功率减小，达到计量装置少计量的目的。

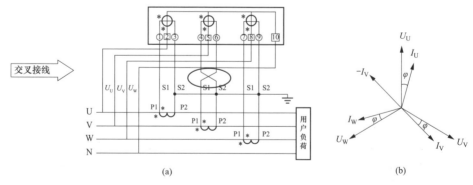

图 3-21　错相序方式窃电原理剖析
（a）接线图；（b）相量图

正常接线时的总功率为

$$P_{总} = P_U + P_V + P_W = 3UI\cos\varphi$$

改变电流相位后的总功率为

$$P'_{总} = P_U + P'_V + P_W$$
$$= U_U I_U \cos\varphi_U - U_V I_V \cos(180° - \varphi_V) + U_W I_W \cos\varphi_W$$
$$= UI\cos\varphi$$

变更系数 K 为

$$K = \frac{P_{总}}{P'_{总}} = \frac{3UI\cos\varphi}{UI\cos\varphi} = 3$$

因此，按此种方法接线时，电能表将少计 $2/3$ 的电量。

2. 查处窃电流程

检查要点

(1) 通过有功功率、功率因数、相量图等方式判断是否存在错相序方式窃电。

(2) 经互感器接入电能表的计量方式，重点检查其电流的极性及与电压的对应关系。

(3) 用专用的相量分析仪可以直观地分析出相序是否错误。

检查流程

为了得到合法有效的窃电证据，实现快速、有效查处目标，用电检查人员需要规范检查步骤。高供低计专用变压器用户错相序方式窃电检查流程见表3-4。

表 3-4　　　　　高供低计专用变压器用户错相序方式窃电检查流程

步骤	内容	说明
第一步：准备工作	摄像取证装备	摄像机：具有夜视功能的摄像机是查处窃电取证的必要工具。 手电筒：强光手电筒是用电检查工作的必要工具
	检测智能电能表的工具	智能电能表诊断仪器：分析、诊断电能表内部故障、电能表参数及误差的工具，基于瓦秒法测试误差的工具等
	检测计量回路的工具	低压负荷检测仪器：钳形电流表。 高压负荷检测仪器：高压变比测试仪。 检查相位关系的仪器：相位伏安表等
	窃电证据保全准备	封条、纸箱、印油（按手印）等用于保全窃电证据的装备
第二步：检查重点	启动摄像取证	摄像取证：操作前、操作过程需要全程摄像取证，记录完整的检查过程，防止窃电用户诬陷用电检查人员的事件发生。 摄像取证的重点： (1) 计量设备摄像取证：①进线；②表箱前面；③表箱后面。 (2) 人员及现场环境：完整、清晰录制用电检查人员及用户代表的全景画面及对话。 (3) 现场环境：要求含有检查人员、监护人员，能够表明窃电地点的明显标志，保证录制全程检查人员、监护人员与电表箱和电能表在同一画面内
	检查表箱周围	表箱后面：检查表箱后面有无异物、划痕。 表箱进线：检查表箱进线孔内有无与计量无关的线缆。 表箱前面：检查表箱前面有无被破坏的痕迹
	检查表箱内部	开启表箱后，不要用手触碰计量装置及接线，且全程摄像记录。检查二次回路是否有明显损坏及计量装置铅封是否正常，是否存在与计量无关的设备

续表

步骤	内容	说明
第二步：检查重点	检测实际负荷	检查并记录用户的实际负荷，用钳形电流表测量： U 相电流_____，V 相电流_____，W 相电流_____。 检查变压器容量_____，计算负荷率_____
	检测智能电能表	电能表的外观：电能表外观是否被破坏_____，是否受热变形_____。 电能表铭牌参数核对：电能表脉冲常数_____，额定电流_____。 查看电能表的报警信息_____。 用智能电能表诊断工具检查：电压_____，电流_____，功率因数_____。 最近一次开盖记录_____，误差_____。 最大需量_____，失电压记录_____，失电流记录_____
	检测计量回路	进线：有无异物_____。 二次电缆：有无异物、粘连_____。 接线盒：连接片_____，螺钉_____，进线_____，出线_____。 相序：检查计量回路的相序是否正常
第三步：计算电量	检查结果确认	检查完毕，用户确认检查过程及结果
	测算损失比例	现场测量、计算窃电手段导致电量损失的比例_____
	窃电证据保全	将现场与窃电有关的证物贴封条、装箱，签字、按手印妥善保存

3.2.5 改动电能表内元件窃电查处

1. 查处窃电实例解析

📋 案情回顾

通过用电信息采集系统，检查人员先检查专用变压器计量装置是否存在失电压、失电流的情况，再对比电能表与负荷控制终端的电流记录是否一致。通过对比检查，发现某染料厂的电能表与负荷控制终端的电流值相比存在很大的偏差，电能表各时段的 U 相电流均比负荷控制终端记录的电流少 80%，断定该用户存在窃电行为。

供电所用电检查人员计划对染料厂进行检查，出发前调取了染料厂的信息：该染料厂的计量方式为高供低计，合同容量为 250kVA，电流互感器的变比为 300/5。现场发现该用户计量柜外箱封印与供电所制定的封印不符，有私自更换的嫌疑。

在发现问题后，用电检查人员随即上报此情况，并在计量中心对该计量表进行三相校验。

经计量中心校验发现，该用户电能表存在误差。拆开电能表后，发现电能表内三相电流采样线圈的取样线路私接导线，致使电能表计量不准。经校验，该电能表的误差为 -33.3%。电能表内的事件记录显示 2009 年 7 月 6 日 00：57：54 至 03：06：01 内出现掉电和上电的记录。现场查验结果显示该用户自 2009 年 7 月 6 日开始通过蓄意改变用电计量装置进行窃电，检查人员随即进行现场拍照、录像留证，并让用户现场确认签字。

用户对该窃电行为供认不讳，随后检查小组根据《供电营业规则》对用户窃电电费进行了追缴。

🔩 原理剖析

通过改动电能表内部的元件，使采集的电压、电流或者有功功率变小，使计量装置少计量，达到窃电的目的。正常接线的电流互感器和接短接线的电流互感器分别如图 3-22 和图 3-23 所示。电能表内部电流互感器短接了一根导线，产生表内分流的现象，使电流少计量，达到窃电的目的。

蓝色的短接线

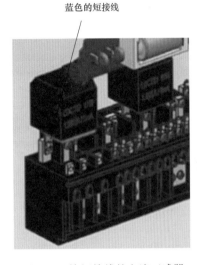

图 3-22　正常接线的电流互感器　　图 3-23　接短接线的电流互感器

2. 查处窃电流程

🔍 检查要点

（1）通过高供低计智能检查工具，检查开盖记录。
（2）若发现异常开盖记录，则需要认真检查窃电证据。
（3）重点做好窃电取证及损失电量比例的计算。
（4）仔细与同类型的正常电能表进行对比，观察是否存在异常。
（5）封存电能表、遥控接收器等窃电证据。

🛡 检查流程

为了得到合法有效的窃电证据，实现快速、有效查处目标，用电检查人员需要规范检查步骤。高供低计专用变压器用户改动电能表内元件方式窃电检查流程见表 3-5。

表 3-5　　　高供低计专用变压器用户改动电能表内元件方式窃电检查流程

步骤	内容	说明
第一步：准备工作	摄像取证装备	摄像机：具有夜视功能的摄像机是查处窃电取证的必要工具。 手电筒：强光手电筒是用电检查工作的必要工具

续表

步骤	内容	说明
第一步： 准备工作	检测智能电能表的工具	智能电能表诊断仪器：分析、诊断电能表内部故障、电能表参数及误差的工具，基于瓦秒法测试误差的工具等
	检测计量回路的工具	低压负荷检测仪器：钳形电流表。 高压负荷检测仪器：高压变比测试仪。 检查相位关系的仪器：相位伏安表等
	窃电证据保全准备	封条、纸箱、印油（按手印）等用于保全窃电证据的装备
第二步： 检查重点	启动摄像取证	摄像取证：操作前、操作过程需要全程摄像取证，记录完整的检查过程，防止窃电用户诬陷用电检查人员的事件发生。 摄像取证的重点： （1）计量设备摄像取证：①进线；②表箱前面；③表箱后面。 （2）人员及现场环境：完整、清晰录制用电检查人员及用户代表的全景画面及对话。 （3）现场环境：要求含有检查人员、监护人员，能够表明窃电地点的明显标志，保证录制全程检查人员、监护人员与电表箱和电能表在同一画面内
	检查表箱周围	表箱后面：检查表箱后面有无异物、划痕。 表箱进线：检查表箱进线孔内有无与计量无关的线缆。 表箱前面：检查表箱前面有无被破坏的痕迹
	检查表箱内部	开启表箱后，不要用手触碰计量装置及接线，且全过程摄像记录。检查二次回路是否有明显损坏及计量装置铅封是否正常，是否存在与计量无关的设备
	检测实际负荷	检查并记录用户的实际负荷，用钳形电流表测量： U相电流_____，V相电流_____，W相电流_____。 检查变压器容量_____，计算负荷率_____
	检测智能电能表	电能表的外观：电能表外观是否被破坏_____，是否受热变形_____。 电能表铭牌参数核对：电能表脉冲常数_____，额定电流_____。 查看电能表的报警信息_____。 用智能电能表诊断工具检查：电压_____，电流_____，功率因数_____。 最近一次开盖记录_____，误差_____。 最大需量_____，失电压记录_____，失电流记录_____
	检测计量回路	进线：有无异物_____。 二次电缆：有无异物、粘连_____。 接线盒：连接片_____，螺钉_____，进线_____，出线_____。 相序：检查计量回路的相序是否正常
第三步： 计算电量	检查结果确认	检查完毕，用户确认检查过程及结果
	测算损失比例	现场测量、计算窃电手段导致电量损失的比例_____
	窃电证据保全	将现场与窃电有关的证物贴封条、装箱，签字、按手印妥善保存

3.2.6 强磁干扰窃电查处

1. 查处窃电实例解析

📋 案情回顾

某供电公司在开展线损电量分析工作过程中，发现某10kV线路的线损电量异常，由原来的 1.5% 增加到 3.7%，增长幅度过大。在综合考虑了各方面影响因素后，判定由于计量失准引起线损电量异常的可能性最大。马上组织人员通过用电信息采集数据对高损耗线路所有专用变压器用户进行逐一排查，发现一合同容量为 200kVA，电流互感器变比为 250/5 的电子设备加工厂的用电情况与合同值不符。

在检查到该电子设备加工厂时，用电检查人员经过仔细检查发现，悬挂计量箱的背后墙体的砖头和普通的砖头不一样。在发现砖头异常后，检查人员拿出钥匙靠近砖头，钥匙被吸附在了砖头上，如图 3-24 所示。原来窃电者把磁铁伪装成砖头的样子实施窃电行为。随后，用电检查人员对现场进行了拍照、录像，并把强磁铁作为证据封存起来。在证据面前，该户承认自己的窃电行为，并补缴损失电费及违约用电费用。

图 3-24 强磁窃电现场

🔧 原理剖析

强磁铁是恒定磁场，会导致电能表内电流互感器、电压互感器铁心饱和，致使电能表计量减少。这种窃电方式不动铅封，不用打开表箱，主要通过在表计周围加装强磁铁即可完成窃电过程。

(1) 磁场强度大于 3T，电能表会影响计量。

(2) 磁场强度大于 6T，电能表则会失电。

窃电者采用永久性磁铁产生强磁场干扰采样电流互感器，使电能表少计电量。电流互感器的铁心为坡莫合金，灵敏度高，很容易受到外部磁场干扰发生磁饱和。

强磁铁窃电现象如图 3-25 所示。图中该表是三相四线费控智能电能表，运行正常。电能表由于受到强磁铁的影响，电流值由 5.50A 变为 0.30A，电量损失约 94.5%。

强磁铁窃电原理分析如图 3-26 所示，用示波器观察电能表内部干扰前的波形为正弦波，强磁铁干扰后对应的电流幅值明显减小，波形近似为一条直线。

5.50A

将磁铁置于表后，电流变为0.30A

(a)　　　　　　　　(b)

图 3-25　强磁铁窃电现象

（a）未加磁铁前电流；（b）将磁铁置于表后的电流

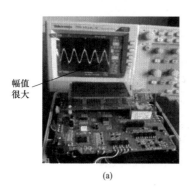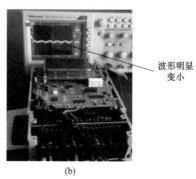

幅值很大

波形明显变小

(a)　　　　　　　　(b)

图 3-26　强磁铁窃电原理分析

（a）强磁铁干扰前波形；（b）强磁铁干扰后波形

2. 查处窃电流程

检查要点

（1）检查表箱后面是否有划痕、异物（伪装成开关的强磁铁如图 3-27 所示）。

（2）监测电能表周围的磁场强度。

检查流程

为了得到合法、有效的窃电证据，实现快速、有效查处目标，用电检查人员需要规范检查步骤。高供低计专用变压器用户强磁干扰方式窃电检查流程见表 3-6。

伪装

图 3-27　伪装成开关的强磁铁

表 3-6   高供低计专用变压器用户强磁干扰方式窃电检查流程

步骤	内容	说明
第一步：准备工作	摄像取证装备	摄像机：具有夜视功能的摄像机是查处窃电取证的必要工具。 手电筒：强光手电筒是用电检查工作的必要工具
	检测智能电能表的工具	智能电能表诊断仪器：分析、诊断电能表内部故障、电能表参数及误差的工具，基于瓦秒法测试误差的工具等
	检测计量回路的工具	低压负荷检测仪器：钳形电流表。 高压负荷检测仪器：高压变比测试仪。 检查相位关系的仪器：相位伏安表等
	窃电证据保全准备	封条、纸箱、印油（按手印）等用于保全窃电证据的装备
第二步：检查重点	启动摄像取证	摄像取证：操作前、操作过程需要全程摄像取证，记录完整的检查过程，防止窃电用户诬陷用电检查人员的事件发生。 摄像取证的重点： （1）计量设备摄像取证：①进线；②表箱前面；③表箱后面。 （2）人员及现场环境：完整、清晰录制用电检查人员及用户代表的全景画面及对话。 （3）现场环境：要求含有检查人员、监护人员，能够表明窃电地点的明显标志，保证录制全程检查人员、监护人员与电表箱和电能表在同一画面内
	检查表箱周围	表箱后面：检查表箱后面有无异物、划痕。 表箱进线：检查表箱进线孔内有无与计量无关的线缆。 表箱前面：检查表箱前面有无被破坏的痕迹
	检查表箱内部	开启表箱后，不要用手触碰计量装置及接线，且全过程摄像记录。检查二次回路是否有明显损坏及计量装置铅封是否正常，是否存在与计量无关的设备
	检测实际负荷	检查并记录用户的实际负荷，用钳形电流表测量： U 相电流_____，V 相电流_____，W 相电流_____。 检查变压器容量_____，计算负荷率_____
	检测智能电能表	电能表的外观：电能表外观是否被破坏_____，是否受热变形_____。 电能表铭牌参数核对：电能表脉冲常数_____，额定电流_____。 查看电能表的报警信息。 用智能电能表诊断工具检查：电压_____，电流_____，功率因数_____。 最近一次开盖记录_____，误差_____。 最大需量_____，失电压记录_____，失电流记录_____
	检测计量回路	进线：有无异物_____。 二次电缆：有无异物、粘连_____。 接线盒：连接片_____，螺钉_____，进线_____，出线_____。 相序：检查计量回路的相序是否正常
第三步：计算电量	检查结果确认	检查完毕，用户确认检查过程及结果
	测算损失比例	现场测量、计算窃电手段导致电量损失的比例_____
	窃电证据保全	将现场与窃电有关的证物贴封条、装箱，签字、按手印妥善保存

注 此类窃电的窃电比例要当场测量，否则无法计算损失电量。

3.2.7 高频干扰窃电查处

1. 查处窃电实例解析

📋**案情回顾**

某供电公司抄表人员在现场抄表过程中发现某塑料厂计量表箱的锁有被动过的痕迹，这引起了供电公司的高度警觉，他们锁定目标，加强对该用户用电情况分析，此用户的合同容量为 400kVA，电流互感器的变比为 400/5，10kV 侧的实际负荷电流为 30A，全天用电时段大约 10h。通过专用设备实时掌握电量波动情况，最终发现其使用电量与实际变压器容量和负荷情况根本不符。

图 3-28　高频电磁场干扰设备

于是，供电公司加大检查力度，在一次突击检查中，发现该用户的计量表箱外搭有一根不明线缆，用户解释为不知情。用电检查人员便顺着线缆搜查，发现该线缆连接至一装置（高频电磁场干扰设备），如图 3-28 所示。经检测，该装置对电能表、电量采集器、集中器、负荷控制等装置造成干扰，使其少计量或不计量，从而达到窃电目的。

💠 原理剖析

该窃电用户通过专用天线，将高频信号线缆搭在表箱上，干扰电能表和终端的运行。电能表及表箱没有任何被破坏的痕迹。窃电人员发现有情况，就会将高频信号线从表箱上取下，从而将证据隐匿。

高频电磁场干扰设备主要利用电子设备受到电磁辐射干扰后会产生死机和复位的特点，对电子式电能表实施电磁攻击，导致电能表处于持续复位或死机状态，或使测量误差加大。

高频电磁场干扰设备主要由无线信号发生器和干扰天线两部分组成，无线信号发生器可产生一定频率的信号，通过干扰天线转换为具有一定辐射强度的电磁波。此类设备是将干扰天线置于电能表附近，通过天线辐射的电磁信号干扰电能表内部的 IC 芯片和计量芯片的正常工作，使电能表少计量或不计量，达到窃电的目的。高频电磁场干扰原理如图 3-29 所示。

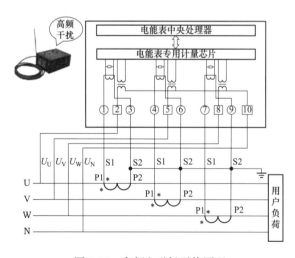

图 3-29　高频电磁场干扰原理

2. 查处窃电流程

检查要点

（1）监测 CPU 状态：监测电能表的被干扰程度，实时测量电能表的误差。

（2）监测表箱周围辐射电磁场的强度，并记录起止时间。

（3）监测实际负荷：监测并记录实际负荷，用于追补电量。

检查流程

为了得到合法有效的窃电证据，实现快速、有效查处目标，用电检查人员需要规范检查步骤。高供低计专用变压器用户高频干扰方式窃电检查流程见表 3-7。

表 3-7　　　　　　　高供低计专用变压器用户高频干扰方式窃电检查流程

步骤	内容	说明
第一步：工作前准备	摄像取证装备	摄像机：具有夜视功能的摄像机是查处窃电取证的必要工具。 手电筒：强光手电筒是用电检查工作的必要工具
	检测智能电能表的工具	智能电能表诊断仪器：分析、诊断电能表内部故障、电能表参数及误差的工具，基于瓦秒法测试误差的工具等
	检测计量回路的工具	低压负荷检测仪器：钳形电流表。 高压负荷检测仪器：高压变比测试仪。 检查相位关系的仪器：相位伏安表等
	窃电证据保全准备	封条、纸箱、印油（按手印）等用于保全窃电证据的装备
第二步：检查过程	启动摄像取证	摄像取证：操作前、操作过程需要全程摄像验证，记录完整的检查过程，防止窃电用户诬陷用电检查人员的事件发生。 摄像取证的重点： （1）计量设备摄像取证：①进线；②表箱前面；③表箱后面。 （2）人员及现场环境：完整、清晰录制用电检查人员及用户代表的全景画面及对话。 （3）现场环境：要求含有检查人员、监护人员，能够表明窃电地点的明显标志，保证录制全程检查人员、监护人员与电表箱和电能表在同一画面内
	检查表箱周围	表箱后面：检查表箱后面有无异物、划痕。 表箱进线：检查表箱进线孔内有无与计量无关的线缆。 表箱前面：检查表箱前面有无被破坏的痕迹
	检查表箱内部	开启表箱后，不要用手触碰计量装置及接线，且全过程摄像记录。检查二次回路是否有明显损坏及计量装置铅封是否正常，是否存在与计量无关的设备
	检测实际负荷	检查并记录用户的实际负荷，用钳形电流表测量： U 相电流_____，V 相电流_____，W 相电流_____。 检查变压器容量_____，计算负荷率_____
	检测智能电能表	电能表的外观：电能表外观是否被破坏_____，是否受热变形_____。 电能表铭牌参数核对：电能表脉冲常数_____，额定电流_____。 查看电能表的报警信息。 用智能电能表诊断工具检查：电压_____，电流_____，功率因数_____。 最近一次开盖记录_____，误差_____。 最大需量_____，失电压记录_____，失电流记录_____
	检测计量回路	进线：有无异物_____。 二次电缆：有无异物、粘连_____。 接线盒：连接片_____，螺钉_____，进线_____，出线_____。 相序：检查计量回路的相序是否正常

续表

步骤	内容	说明
第三步：检查结果	检查结果确认	检查完毕，用户确认检查过程及结果
	测算损失比例	现场测量、计算窃电手段导致电量损失的比例_____
	窃电证据保全	将现场与窃电有关的证物贴封条、装箱，签字、按手印妥善保存

3.3 高供低计专用变压器用户查处窃电方法实训

掌握了高供低计专用变压器用户计量系统的窃电薄弱环节及典型窃电实例查处方法后，需要在实训室进行反复的实训操作，全面掌握系统性、规范性的查处窃电实用方法，使现场查处窃电有的放矢，大幅度提高效率。

3.3.1 培训作业指导书

1. 目标及内容（见表 3-8）

表 3-8　　　　　　　　　　目　标　及　内　容

课程名称：如何对高供低计用户查处窃电	
知识目标	能力（技能）目标
培训目标： （1）熟悉高供低计计量系统。 （2）通过反窃电仿真平台掌握高供低计反窃电的方法。 （3）掌握通过 10kV 多用户公用线路实操平台现场查处窃电的方法	（1）熟悉高供低计计量系统。 （2）了解高供低计计量系统常见的窃电方式及现象
能力训练任务及案例： 任务一：掌握高供低计计量方式常见窃电方式及反窃电的方法。 任务二：通过实训教学屏，对各环节窃电数据进行直观的了解	
参考资料：《供电营业规则》《反窃电管理办法》	

2. 教学设计（见表 3-9）

表 3-9　　　　　　　　　　教　学　设　计

步骤	教学内容	教学方法	教学手段	学员活动	时间分配
引入、告知（教学内容、目的）	组织教学： 学员按学号分成 12 个小组。 内容回顾： 回顾反窃电工作的重点和难点。 引入本次课程主要任务： （1）掌握高供低计计量系统的薄弱环节。 （2）掌握高供低计计量系统常见的窃电方式及现象	讲授	多媒体教学	听讲、记录	30min

步骤	教学内容	教学方法	教学手段	学员活动	时间分配
讲授或实训（掌握基本技能，加深对基本技能的体会，巩固、拓展、检验）	任务一： （1）反窃电现状。 （2）高供低计计量系统的介绍及易发生窃电的位置。 （3）常用反窃电工具。 （4）典型案例。 （5）现场注意事项	讲授案例、提问、讨论、模拟	多媒体教学	阅读、听讲、记录、互动	50min
	任务二： （1）利用实训教学屏让学员直观了解窃电发生时计量回路各环节的数据变化。 （2）组织学员分组进行实际操作				50min 30min
总结、归纳（知识、能力）	（1）回顾高供低计计量系统常见的窃电类型。 （2）总结高供低计计量系统的反窃电方法	讨论案例	多媒体教学	听讲记录	20min
作业	高供低计计量方式采取的防窃电措施有哪些			记录	
后记					

3.3.2 查处窃电方法实训

高供低计专用变压器用户计量系统查处窃电方法实训在如图 3-30 所示的实训教学屏上进行。在该实训教学屏上，可进行多种方式窃电现象的分析及反窃电原理和方法的理论练习，掌握不同计量元件的测试方法，明确取证关键部位，为现场实操应用做准备。

高供低计计量系统

图 3-30　实训教学屏

以高供低计专用变压器用户中接线盒分流窃电方式为例，进行查处窃电方法实训，学会观察窃电前后的数据变化、分析数据、使用测量工具等。

以高供低计专用变压器用户为例，需要采集实际负荷的一次数据 I_u、I_v、I_w，二次数据 $P_总$、P_u、P_v、P_w、U_u、U_v、U_w、I_u、I_v、I_w、$\cos\varphi_总$、$\cos\varphi_u$、$\cos\varphi_v$、$\cos\varphi_w$ 等数据。

📅 操作流程

第一步：用户信息登记

记录用户的计量方式、电流互感器的变比、倍率等信息，注意记录要准确、详细，用于与现场实际用电情况及数据进行对比，对用户异常用电情况做基本验证。

第二步：测量实际负荷——记录一次电流数据

反窃电工作的核心内容是取证和计算追补电量，用高压钳形电流表测量一次侧的实际负荷，可以将其作为追补电量的依据，同时与二次电缆、接线盒及表前、表内电流值进行比对，从而确定窃电位置。

高供低计一次电流数据测量如图 3-32 所示，其中用户一次实际负荷记为 I_{u1}，I_{v1}，I_{w1}。高供低计一次负荷电流测量位置如图 3-32 所示。

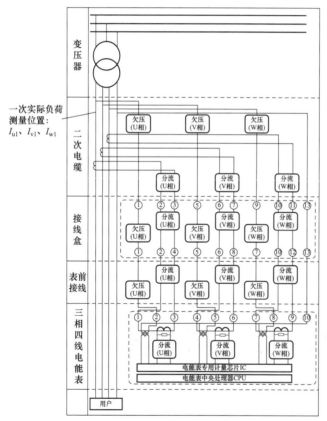

图 3-31　高供低计一次电流数据测量

图 3-32　高供低计一次负荷
电流测量位置

10kV 进线侧测量结果见表 3-10。

表 3-10	10kV 进线侧测量结果
测量工具	高压钳形电流表
测量位置	模拟 10kV 进线侧
数据	$I_{u1}=0.950A$
	$I_{v1}=0.960A$
	$I_{w1}=0.950A$
分析	根据 $P_{总1}=1.732UI\cos\varphi$, $P_{总1}=0.365\ 7kWh$

第三步：查看电能表数据——记录二次数据

电能表显示数据是记录用户当前真实用电情况信息的，在电能表中可以通过操作电能表液晶显示屏旁边的上下按键读取用户电压、电流、功率等信息，将电能表数据与用户一次数据进行对比，进一步判定用户的异常情况。三相四线智能电能表数据测量如图 3-33 所示。查看电能表数据如图 3-34 所示。

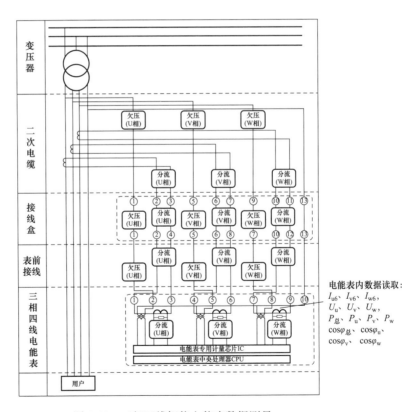

图 3-33 三相四线智能电能表数据测量

电能表内部测量结果见表 3-11。

图 3-34　查看电能表数据

表 3-11　　　　　　　　　　电能表内部测量结果

测量工具及数据取得方式	电能表，液晶显示屏直接读取	
测量位置	电能表内部	
数据	$I_{u6}=\underline{1.026}$A	$U_u=\underline{226.1}$V
	$I_{v6}=\underline{0.269}$A	$U_v=\underline{242.4}$V
	$I_{w6}=\underline{1.049}$A	$U_w=\underline{237.9}$V
	$P_u=\underline{0.261}$；$P_v=\underline{0.121}$；$P_w=\underline{0.257}$	
	$\cos\varphi_{总}=\underline{0.998}$	$\cos\varphi_u=\underline{0.99}$
	$\cos\varphi_v=\underline{0.99}$	$\cos\varphi_c=\underline{0.99}$
分析	$P_{总2}=P_u+P_v+P_w=0.639$kW；$P_{总1}\neq P_{总2}\times$倍率	

第四步：测量电能表前电压、电流数据

用万用表分别测量 U、V、W 相的电压，用钳形电流表测量 U、V、W 相电流，并与已测数据进行对比、分析。

表前电流、电压数据测量如图 3-35 所示。表前电流、电压数据测量见表 3-12。

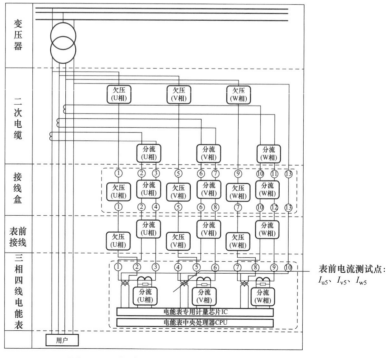

图 3-35　表前电流、电压数据测量

表前电流、电压的测量结果见表 3-12。

表 3-12 表前电流、电压的测量结果

测量工具	万用表、钳形电流表、伏安表	
测量位置	进入电能表前	
数据	$I_{u5}=0.992$A	$U_u=226.1$V
	$I_{v5}=0.268$A	$U_v=244.0$V
	$I_{w5}=1.009$A	$U_w=237.9$V
	$P_{总1}\neq P_{总2}\times$倍率	
	$\cos\varphi_总=0.998$	$\cos\varphi_u=0.99$
	$\cos\varphi_v=0.99$	$\cos\varphi_w=0.99$
分析	表前与表内数据大致相同	

第五步：测量接线盒后数据

接线盒作为计量系统容易发生窃电的位置，用钳形电流表、万用表测量接线盒后的电流值与电压值，并与已测数据进行比对。接线盒后测量电流、电压数据测量如图 3-36 所示。

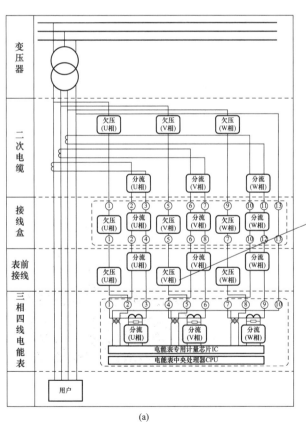

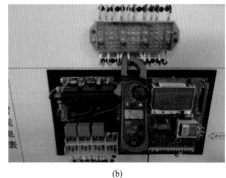

接线盒后电流测试点：
I_{u4}、I_{v4}、I_{w4}

(a)

(b)

图 3-36 接线盒后电流、电压数据测量

（a）原理；（b）现场

接线盒后电流、电压的测量结果见表 3-13。

表 3-13　　　　　　　　　接线盒后电流、电压的测量结果

测试工具	万用表、钳形电流表、相位伏安表	
测量位置	接线盒出线处	
数据	$I_{u4}=\underline{0.998}$A	$U_u=\underline{243.0}$V
	$I_{v4}=\underline{0.234}$A	$U_v=\underline{242.4}$V
	$I_{w4}=\underline{1.009}$A	$U_w=\underline{237.9}$V
分析	接线盒出线数据与表内数据大致相同	

第六步：测量进入接线盒前的电流数据

接线盒作为计量系统容易发生窃电的位置，用钳形电流表、万用表测量进入接线盒前的电流值与电压值，并与前几步所测数据进行对比、分析。接线盒前电流、电压数据测量如图 3-37 所示。

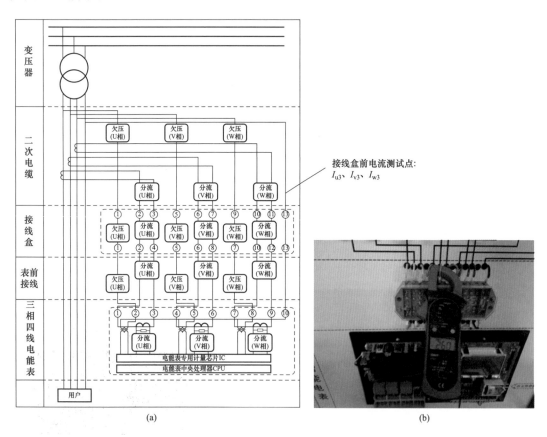

图 3-37　接线盒前电流、电压数据测量

（a）原理；（b）现场

接线盒前电流、电压的测量结果见表 3-14。

表 3-14	接线盒前电流、电压的测量结果	
测量工具	万用表、钳形电流表、相位伏安表	
测量位置	进入接线盒前	
数据	$I_{u3}=\underline{1.025}$A	$U_u=\underline{243.0}$V
	$I_{v3}=\underline{1.031}$A	$U_v=\underline{242.4}$V
	$I_{w3}=\underline{1.100}$A	$U_w=\underline{237.9}$V
分析	进入接线盒 V 相的电流值 I_{v3} 大于表内 U 相的电流值 I_{v6}，其他数据与表内数据大致相同，说明窃电发生在接线盒处	

第七步：后台数据分析

后台数据分析如图 3-38 所示。

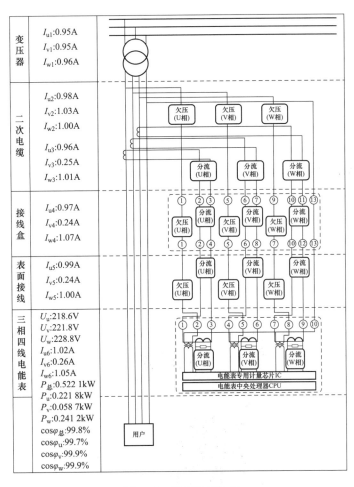

图 3-38 后台数据分析

第八步：检查结果（见表 3-15）

表 3-15 检 查 结 果

测量工具	钳形电流表	
测量位置	二次电缆测试点	
数据	$I_{u3}=1.085A$	$I_{u4}=1.025A$
	$I_{v3}=1.031A$	$I_{v4}=0.260A$
	$I_{w3}=1.109A$	$I_{w4}=1.100A$
分析	比较二次电缆测试点的数据，判断窃电位置发生在接线盒处	

3.3.3 用电现场查处窃电操作实训

高供低计用户查窃电案例：通过对营销 SG 186 业务应用系统数据的筛选、分析，初步诊断用户 002 号有异常用电情况，现需到现场进行用电检查。

第一步：工作前准备

人员分工要明确：3 人一组，其中 1 人测量、1 人监护并记录、1 人全程摄像取证，以小组为单位进行练习。

工具准备要齐全：取证工具、测量工具、高科技反窃电设备等。

着装要求规范：按照供电服务和相应安全规程要求，穿戴绝缘鞋、安全帽、长袖纯棉上衣、低压绝缘手套或线手套。

具体的工作前准备见表 3-16。

表 3-16 工 作 前 准 备

步骤	内容	说明
第一部分：准备工作	着装正确	按照供电服务和安全规程要求正确着装
	工具准备	一次性正确选取现场检查的常用工具和仪器、仪表
	摄像取证装备	摄像机：具有夜视功能的摄像机是查处窃电取证的必要工具。 手电筒：强光手电筒是用电检查工作的必要工具
	窃电证据保全准备	封条、纸箱、印油（按手印）等用于保全窃电证据的装备

第二步：检查过程

在如图 3-39 所示的查处窃电操作平台上进行用电现场查处窃电操作。检查过程见表 3-17。

图 3-39 查处窃电操作平台

表 3-17 　　　　　　　　　　　　　　　检 查 过 程

	进入现场	出示检查证件
	启动摄像取证	摄像取证：操作前、操作过程需要全程摄像取证，记录完整的检查过程，防止窃电用户诬陷用电检查人员的事件发生。 摄像取证的重点： （1）计量设备摄像取证：①进线；②表箱前面；③表箱后面。 （2）人员及现场环境：完整、清晰录制用电检查人员及用户代表的全景画面及对话。 （3）现场环境：要求含有检查人员、监护人员，能够表明窃电地点的明显标志，保证录制全程检查人员、监护人员与电表箱和电能表在同一画面内
	检查表箱周围	表箱后面：检查表箱后面有无异物、划痕。 表箱进线：检查表箱进线孔内有无与计量无关的线缆。 表箱前面：检查表箱前面有无被破坏的痕迹
	检查表箱内部	开启表箱后，不要用手触碰计量装置及接线，且全过程摄像记录。检查二次回路是否有明显损坏及计量装置铅封是否正常，是否存在与计量无关的设备
第二步：检查重点	测量实际负荷	 核对变压器容量：20kVA，电压：400V 检查并记录用户的实际负荷，用现场变比测试仪测量。 测量位置：变压器进线侧 U 相电流：$I_{U1}=2.569$A。 V 相电流：$I_{V1}=2.554$A。 W 相电流：$I_{W1}=2.552$A
	检查电流互感器	互感器参数是否正确，接线极性是否正确 分析 电流互感器标志参数与档案一致，接线正确，一次穿线匝数为 10 匝，倍率＝电流互感器变比×电压互感器变比＝(5/50)×10×1＝1
	检测智能电能表	电能表外观检查详细项目见第 3 章的检查流程。 查看电能表报警信息_____。 电能表铭牌参数核对

第二步：检查重点	电能表液晶显示屏数据或红外掌机抄读数据		电压：$U_u=231.5V$；$U_v=233.3V$；$U_w=230V$。 电流：$I_u=1.014A$；$I_v=0.521A$；$I_w=1.005A$。 功率因数：0.999。 $P_{总2}=0.653\,5kW$ 分析：$P_{总1}\neq P_{总2}\times$倍率，电压回路基本正常，电流回路需要进一步检查
	测量进入电能表的数据	用钳形电流表测量 U、V、W 相三相电流，或者用相位伏安表测量 	$I_u=1.005A$； $I_v=0.522A$； $I_w=1.005A$。 功率因数：0.999。 分析：根据进入电能表前的 U 相的电流与表内电流一致，可判断窃电位置在进入电能表前
	检测接线盒的进线状态	出线：有无异物_____。 二次电缆：有无异物、粘连_____。 接线盒：连接片_____，螺钉_____，出线_____。 相序：检查计量回路的相序是否正常	
	进线回路的测量		电流：$I_{u4}=1.025A$，$I_{u3}=1.085A$；$I_{v3}=1.031A$，$I_{v4}=0.260A$；$I_{w3}=1.109A$，$I_{w4}=1.100A$。 分析： （1）进入接线盒前 V 相的电流正常，出接线盒的电流不正常。 （2）可判断窃电位置在接线盒处

第三步：检查结果

检查结果见表 3-18。根据现场检查结果，对用户现场下达"违约用电、窃电通知书"，用户确认后签字。检查结果见表 3-18。

表 3-18   检 查 结 果

第三步：计算电量	检查结果确认	检查完毕，根据用户用电信息，正确填写"违约用电、窃电通知书"，然后用户确认检查过程及结果，并在"违约用电、窃电通知书"上签字
	测算损失比例	现场测量、计算窃电手段导致电量损失的比例_____
	窃电证据保全	将现场与窃电有关的证物贴封条、装箱，签字、按手印妥善保存

小　结

针对高供低计专用变压器用户，通过分析计量装置的原理，了解高供低计专用变压器用户计量装置在防范窃电方面存在的盲区。

活学活用

以上检查流程是查处窃电的有效方法，利用以上方法计算二次电缆分流窃电的损失电量。

误区警示

（1）未取得有效证据，不做停电处理。
（2）未测量到电量损失比例，不做停电处理。

第4章

高供高计专用变压器用户查处窃电

4.1 高供高计专用变压器用户计量装置工作原理

高供高计计量系统的计量互感器安装在用户一次侧，在一定程度上具有防窃电功能。但其他环节，如组合互感器、二次电缆、接线盒内外、电能表内部及表箱周围也是易发生窃电的薄弱环节。所以，掌握高供高计计量系统中装置的结构、工作原理及作用，可以使用电检查人员有针对性地进行用电检查工作，提升工作效率。

4.1.1 高供高计专用变压器用户计量系统

高供高计专用变压器用户计量系统如图 4-1 所示。

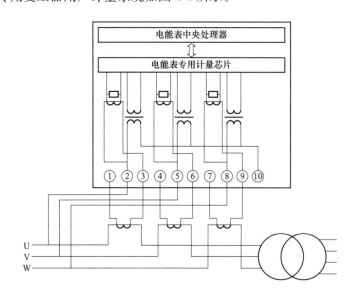

图 4-1 高供高计专用变压器用户计量系统

4.1.2 三相三线智能电能表

在高供高计专用变压器用户计量系统中，须经高压组合互感器（电压互感器和电流互感器组合到一起）进行计量。常用三相智能电能表的额定电压为 $3\times100\text{V}$。

1. 三相三线智能电能表的外观及主要参数

以 DSSD331 三相三线智能电能表为例，图 4-2 展示了高供高计三相三线智能电能表的外观及主要参数。

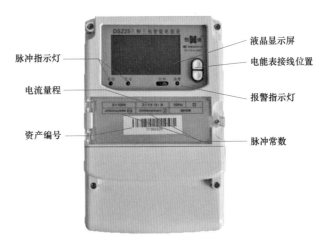

图 4-2　高供高计三相三线智能电能表的外观及主要参数

脉冲指示灯：用来指示高供高计专用变压器用户用电有功功率和无功功率的状况，用电负荷功率越大，该指示灯闪亮的频率越快，反之越慢。当用户不用电时，该指示灯不亮。用电恢复后，该灯继续随负荷功率的大小闪亮。现场用电检查时，可以根据脉冲指示灯的闪烁频率，利用瓦秒法判断电能表的功率是否正常。

电流量程：3×1.5（6）A，额定电流为 1.5A，最大可承受电流为 6A。现场用电检查时，要根据用户的实际用电设备估算电能表是否处于超量程运行状态。

资产编号：将物资按分类内容进行有序编排，具有唯一性，每个智能电能表对应一个资产编号。现场用电检查时，要注意核对用户的电能表编码是否与档案一致，避免以"假表"方式窃电。

液晶显示屏：循环显示用电数据，直观方便。现场用电检查时，要注意查看电能表是否处于黑屏状态，且是否有报警信息。

报警指示灯：该灯常亮表示电能表处于报警状态；正常情况下，指示灯灭。现场用电检查时，除无电费情况，若报警指示灯亮，则考虑电能表接线是否出现问题或电能表机器内部是否出现问题。

脉冲常数：电能表的脉冲常数会标注在电能表面板上，其单位为 imp/kWh（imp/kvarh），表示每千瓦（千乏）时脉冲的个数。图 4-2 中，20 000imp/kWh 为有功脉冲常数，表示计 20 000 个脉冲为 1kWh；20 000imp/kvarh 为无功脉冲常数，表示计 20 000 个脉冲为 1kvarh，用秒表记录电子表脉冲灯闪动 N 次实际所用时间 t 与理论时间进行对比。现场用电检查时，可以通过计算脉冲常数，判断电能表计量的准确性。

2. 三相三线智能电能表的结构及原理

三相三线智能电能表主要由电流采样、电压采样、液晶显示屏等部分组成，如图 4-3 所示。其中，电流采样/电压采样、高速数据处理单元、液晶显示屏、数据存储等都可能是发生窃电的点，在查电窃取证的过程中，要着重检查。

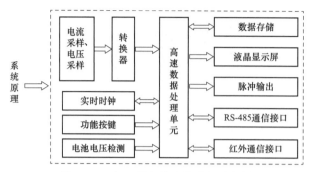

图 4-3　三相三线智能电能表组成框图

（1）电能表整体剖析。拆开表盖后的电能表结构如图 4-4 所示。拆下主板后的电源电路如图 4-5 所示。

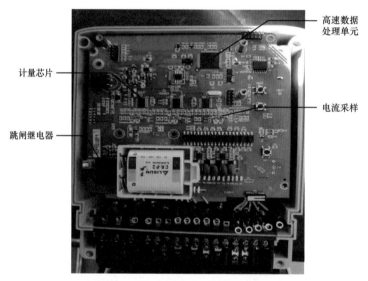

图 4-4　拆开表盖后的电能表结构

图 4-5　拆下主板后的电源电路

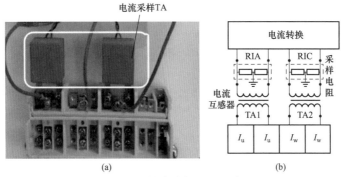

图 4-6 电能表内部电流互感器

（a）外观；（b）原理

（2）表内部结构剖析。

1）电流回路剖析。电能表内部电流互感器如图 4-6 所示。电能表电流回路如图 4-7 所示。

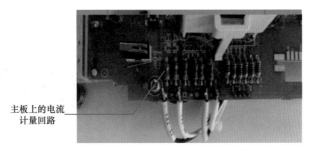

图 4-7 电能表电流回路

表内电流互感器一次电流 I_1 输入时，互感器二次输出电流 I_2 值随之变化，窃电者通过改变电流互感器的变比进行窃电。计量芯片的电流通道实际测量的是电流互感器二次回路上串接的终端测量电阻 R_L 上的电压降，再由计量芯片测量，计算、处理电流信号，常见的分流窃电方式为改变采样电阻。

2）电压回路剖析。电能表内部的电压回路如图 4-8 所示。

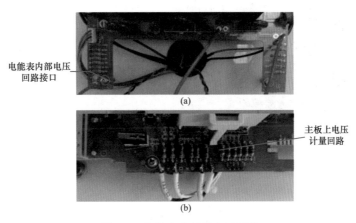

图 4-8 电能表内部的电压回路

（a）电能表内部电压回路接口；（b）主板上电压计量回路

电能表内部电压接线先接入电源板，用于计量电压回路部分，经分压处理后连接主板。采用电阻串联分压法测量相电压被业界认为是最经济实用的相电压测量法。不过很多窃电用户在电压回路采用串接分压电阻的方法窃取电能，须多加防范。

4.1.3 三相三线接线盒

计量接线盒在计量系统中普遍应用。针对接线盒的窃电越来越多，现对接线盒的作用与接线进行简单介绍。

电能计量接线盒是电能计量装置标准接线中，用于带负荷情况下调换或现场检验电能表、电气仪表、继电保护等电气设备，确保了操作安全，提高了现场工作效率，对提高计量正确性起到了积极的作用。各相电压、电流具有相序标志，既方便连盒接线，又可避免因相序接错而造成的计量错误。接线盒的盖板用两只可封印的螺钉固定，有利于防窃电工作。三相三线接线盒如图 4-9 所示。

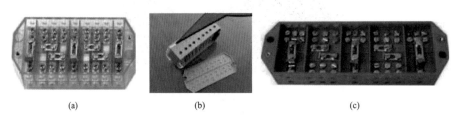

(a)   (b)   (c)

图 4-9 三相三线接线盒
(a) 实物（一）；(b) 实物（二）；(c) 实物（三）

三相三线接线盒接线如图 4-10 所示。

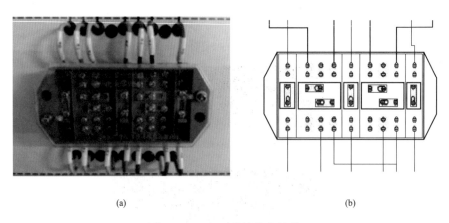

(a)   (b)

图 4-10 三相三线接线盒接线
(a) 现场；(b) 原理

接线盒是易发生窃电的位置，如利用接线盒自身的连接片短接电流回路、松动电压连接片螺钉、接线盒后短接分流等方式窃电。

4.1.4 高压组合互感器

1. 高压组合互感器概述

由电压互感器和电流互感器组合成一体的互感器称为组合式互感器。10kV 和 35kV 电网中用于电能计量的三相组合互感器，配上电能表就称为计量箱。高压组合互感器及二次电缆在计量系统中的位置如图 4-11 所示。高压组合互感器如图 4-12 所示。

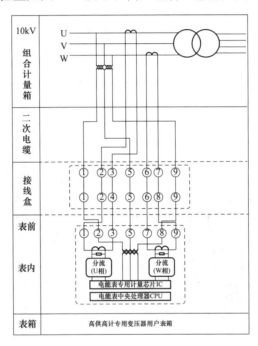

图 4-11 高压组合互感器及二次电缆在计量系统中的位置

高压组合互感器的主要作用：将一次系统的电压、电流信息准确地传递到二次侧智能电能表；将一次系统的高电压、大电流变换为二次侧的低电压（标准值）、小电流（标准值），使智能电能表和继电器等装置标准化、小型化，降低了对二次设备的绝缘要求；将二次侧设备、二次系统与一次系统高压设备在电气方面很好地隔离，从而保证了二次设备和人身的安全。

2. 高压组合互感器的铭牌

高压组合互感器的铭牌中，明确标明了互感器的基本参数信息，如图 4-13 所示。现场进行用电检查时，可以用专用设备检测互感器的变比是否正确。

3. 高压组合互感器的结构

高压组合式互感器多安装于高压计量箱、柜，是用作计量电能或用电设备继电保护装置的电源。组合式电流、电压互感器是将两台或三台电流互感器的一次、二次绕组及铁心和电压互感器的一次、二次绕组及铁心固定在钢体构架上，封闭成一个整体。高压组合互感器结构如图 4-14 所示。

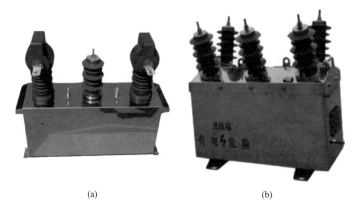

（a）　　　　　　　　　　　　　　（b）

图 4-12　高压组合互感器
（a）实物（一）；（b）实物（二）

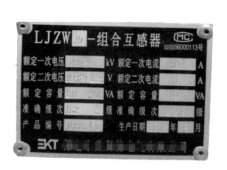

图 4-13　高压组合互感器铭牌　　　图 4-14　高压组合互感器结构

4. 高压组合互感器的原理

三相三线两元件计量组合互感器如图 4-15 所示。三相四线三元件计量组合互感器如图 4-16 所示。

图 4-15　三相三线两元件　　　图 4-16　三相四线三元件
计量组合互感器　　　　　计量组合互感器

高压组合互感器一次侧与供电线路连接，二次侧与计量装置或继电保护装置连接。根据不同的需要，组合式电流电压互感器分为 Vv 接线和 Yy 接线两种，以计量三相负荷平衡或不平衡时的电能。三相三线高压组合互感器接线原理如图 4-17 所示。三相四线高压组合互感器接线原理如图 4-18 所示。

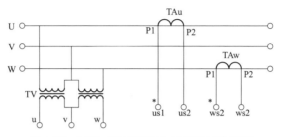

图 4-17　三相三线高压组合互感器接线原理

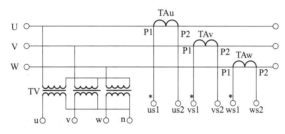

图 4-18　三相四线高压组合互感器接线原理

当前针对高压组合互感器的窃电类型中，私自更换互感器或改变互感器变比的窃电现象比较常见。在检查的过程中应对互感器的铭牌、铅封和变比逐一核实。

5. 高压组合互感器二次端子

高压组合互感器二次端子通过电压二次回路和电流二次回路连接至接线盒及电能表，二次回路是影响电能计量准确度的因素之一。

电压二次回路指电压互感器、电能表的电压线圈及连接二者的导线所构成的回路。由于连接导线阻抗等因素的影响，电能表电压线圈上实际获得的电压值往往都小于额定值（220、380、100V），二次电压回路压降的大小直接影响电能计量的准确度。

电流二次回路指电流互感器二次线圈、电能表的电流线圈及连接二者的导线所构成的回路。电流互感器的二次负载包括二次连接导线阻抗、电能表电流线圈的阻抗、端钮之间的接触电阻等。它直接影响电流互感器的准确度。

4.2　高供高计专用变压器用户计量装置窃电查处

在高供高计计量系统中，存在改动互感器倍率方式、二次电缆分流方式、接线盒窃电方式、错相序方式、改动电能表内元件方式、强磁干扰方式、高频干扰方式等窃电手段，掌握正确的反窃电检查方法可以做到有的放矢地查处窃电行为，提高反窃电稽查效率。

4.2.1 改动互感器倍率窃电查处

1. 查处窃电实例解析

📋 案情回顾

某冶炼厂的变压器容量为 1025kW，电流互感器的变比为 60/5，电压互感器的变比为 100，用电稽查人员一直怀疑该厂非法用电，但是无法确定窃电类型。

3 月 14 日安装了现场用电检查仪，3 月 21 日监测到该用户发生分流现象，高压侧 U、W 相损失电量都超过 50%，之后该辖区供电公司在一个月时间内，先后监测到 6 次分流现象，稽查仪远程诊断出互感器存在问题的现场如图 4-19 所示。4 月 23 日，供电公司稽查人员对该厂高压互感器进行现场封存（见图 4-20），并报市公司申请检验。25 日，稽查人员在公证处监督下拆开该厂高压互感器检查（见图 4-21），发现该冶炼厂在高压互感器里安装了远程遥控窃电装置（见图 4-22 所示）。

图 4-19　稽查仪远程诊断出互感器存在问题的现场

图 4-20　稽查人员对厂高压互感器进行现场封存

图 4-21　稽查人员在公证处监督下拆开高压互感器检查

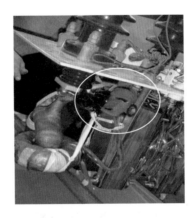

图 4-22　稽查人员准确查找出高压互感器里的远程遥控窃电装置

🔧 原理剖析

分别在高压组合互感器内的电压回路、电流回路安装遥控接收装置，可实现电流分流、电流反相及电压分压。其原理如图 4-23 所示。用电检查人员到现场后，用户遥控控

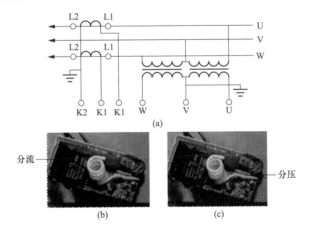

图 4-23　分别在高压组合互感器内的电压回路、
电流回路安装遥控器窃电原理

（a）组合互感器原理图；（b）分流窃电遥控器；（c）分压窃电遥控器

制窃电器使电能表计量恢复正常；用电检查人员离开后，用户会继续窃电。由于窃电器是动合触点，即便是校验互感器精度，也不能发现。

因为电量 $W=Pt$，$P=\sqrt{3}UI\cos\varphi$，当电流回路被分流或电压回路被分压时，相应的电流、电压值减小，计算得出的功率值减小，同一时间内计量的电量也会减少。

2. 查处窃电流程

检查要点

（1）查看互感器铭牌是否被更换过。

（2）检查互感器是否被更换过。

（3）检查互感器的一次绕线是否正确。

（4）突击行动，到现场后，第一时间控制用户负责人或电工，不能让其靠近计量装置。

（5）检查互感器内部是否存在遥控接收装置等窃电器件。

检查流程

为了得到合法有效的窃电证据，实现快速、有效查处目标，用电检查人员需要规范检查步骤。高供高计专用变压器计量改动互感器倍率方式窃电检查流程见表 4-1。

表 4-1　　　　　　　高供高计专用变压器计量改动互感器倍率方式窃电检查流程

步骤	内容	说明
第一步：准备工作	摄像取证装备	摄像机：具有夜视功能的摄像机是查处窃电取证的必要工具。 手电筒：强光手电筒是用电检查工作的必要工具
	检测智能电能表的工具	智能电能表诊断仪器：分析、诊断电能表内部故障、电能表参数及误差的工具，基于瓦秒法测试误差的工具等
	检测计量回路的工具	低压负荷检测仪器：钳形电流表。 高压负荷检测仪器：高压变比测试仪。 检查相位关系的仪器：相位伏安表等
	窃电证据保全准备	封条、纸箱、印油（按手印）等用于保全窃电证据的装备
第二步：检查重点	启动摄像取证	摄像取证：操作前、操作过程需要全程摄像取证，记录完整的检查过程，防止窃电用户诬陷用电检查人员的事件发生。 摄像取证的重点： （1）计量设备摄像取证：①进线；②表箱前面；③表箱后面。 （2）人员及现场环境：完整、清晰录制用电检查人员及用户代表的全景画面及对话。 （3）现场环境：要求含有检查人员、监护人员，能够表明窃电地点的明显标志，保证录制全程检查人员、监护人员与电表箱和电能表在同一画面内
	检查表箱周围	表箱后面：检查表箱后面有无异物、划痕。 表箱进线：检查表箱进线孔内有无与计量无关的线缆。 表箱前面：检查表箱前面有无被破坏的痕迹
	检查表箱内部	开启表箱后，不要用手触碰计量装置及接线，且全过程摄像记录。检查二次回路是否有明显损坏及计量装置铅封是否正常，是否存在与计量无关的设备
	检测实际负荷	检查并记录用户的实际负荷，用钳形电流表测量： U 相电流_____，W 相电流_____。 检查变压器容量_____，计算负荷率_____，互感器变比_____

续表

步骤	内容	说明
第二步：检查重点	检测智能电能表	电能表的外观：电能表外观是否被破坏_____，是否受热变形_____。 电能表铭牌参数核对：电能表脉冲常数_____，额定电流_____。 查看电能表的报警信息。 用智能电能表诊断工具检查：电压____，电流____，功率因数_____。 最近一次开盖记录_____，误差_____。 最大需量_____，失电压记录_____，失电流记录_____
	检测计量回路	进线：有无异物_____。 二次电缆：有无异物、粘连_____。 接线盒：连接片_____，螺钉_____，进线_____，出线_____。 相序：检查计量回路的相序是否正常
第三步：计算电量	检查结果确认	检查完毕，用户确认检查过程及结果
	测算损失比例	现场测量、计算窃电手段导致电量损失的比例_____
	窃电证据保全	将现场与窃电有关的证物贴封条、装箱，签字、按手印妥善保存

4.2.2 二次电缆分流窃电查处

1. 查处窃电实例解析

📋 案情回顾

用电检查人员经过长期观察，发现某建材厂在正常生产的时候，其所属线路的线损电量明显偏高。该厂装有一台 250kVA 的变压器，电流互感器变比为 100/5。供电公司早已对此用户产生了怀疑，但每次到现场检查时却发现该用户用电数据正常。用电检查人员部署查窃方案：安装专业的反窃电设备进行现场监测，一段时间后，发现此用户一次电流明显高于二次电缆和电能表的电流（相差 50%）。但是，当该厂老板到达用电现场时，监测数据显示其二次电缆电流瞬间恢复正常，初步怀疑该用户二次电缆内加装了遥控器接收装置，通过遥控控制实现二次电缆分流窃电。因此，用电检查人员再次对该建材厂进行检查，在公安干警及用户电工的共同见证下，工作人员发现该户二次电缆被私自改动：在电流回路中加装了微型继电器，遥控控制通断，实现电流回路分流，达到少计电量的目的。二次电缆加装微型窃电器现场如图 4-24 所示。二次电缆中发现的继电器如图 4-25 所示。本事例中，窃电用户用遥控器控制继电器，从而达到分流的目的。当工作人员进行检查时，用户经常找借口故意拖延检查，以便有足够时间遥控控制窃电装置，使其恢复正常计量。

⚙️ 原理剖析

二次电缆分流窃电发生在从互感器出来到进接线盒之前这一部分，进接线盒前，电流值已经变小，所以接线盒前、电能表前、电能表内的电流值都比实际值小，使得计量减少。

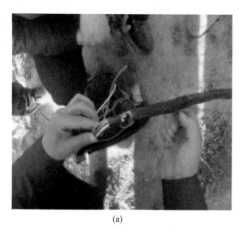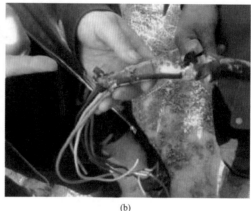

（a） （b）

图 4-24 二次电缆加微型窃电器现场
（a）现场（一）；（b）现场（二）

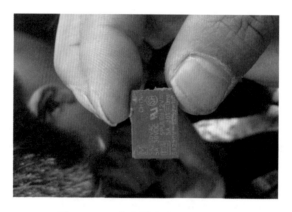

图 4-25 二次电缆中发现的继电器

电量 $W=Pt$，$P=\sqrt{3}UI\cos\varphi$，当电流回路被分流时，电流值减小，计算得出的功率值减小，同一时间内计量的电量也会减少。二次电缆窃电原理如图 4-26 所示。

2. 查处窃电流程

🔍 **检查要点**

（1）二次电缆接线是否正确〔二次电缆（电流回路）短接位置如图 4-27 所示〕。

（2）是否有被破坏的痕迹。

（3）查看是否加入遥控器、继电器等微型物件。

🛡 **检查流程**

为了得到合法有效的窃电证据，实现快速、有效查处目标，用电检查人员需要规范检查步骤。高供高计专用变压器计量二次电缆方式窃电检查流程见表 4-2。

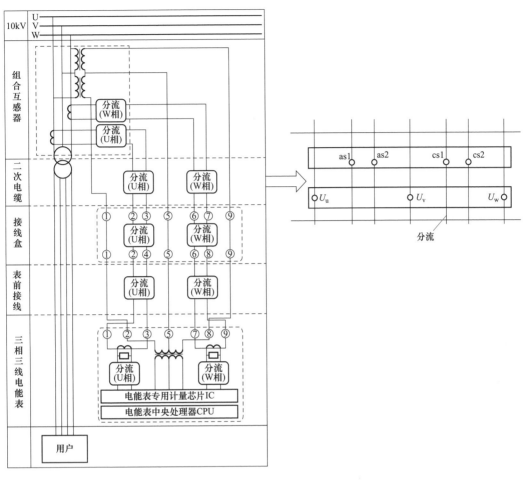

图 4-26　二次电缆窃电原理剖析

图 4-27　二次电缆（电流回路）短接位置

表 4-2　　　　　　　高供高计专用变压器计量二次电缆方式窃电检查流程

步骤	内容	说明
第一步：准备工作	摄像取证装备	摄像机：具有夜视功能的摄像机是查处窃电取证的必要工具。 手电筒：强光手电筒是用电检查工作的必要工具

步骤	内容	说明
第一步：准备工作	检测智能电能表的工具	智能电能表诊断仪器：分析、诊断电能表内部故障、电能表参数及误差的工具，基于瓦秒法测试误差的工具等
	检测计量回路的工具	低压负荷检测仪器：钳形电流表。 高压负荷检测仪器：高压变比测试仪。 检查相位关系的仪器：相位伏安表等
	窃电证据保全准备	封条、纸箱、印油（按手印）等用于保全窃电证据的装备。
第二步：检查重点	启动摄像取证	摄像取证：操作前、操作过程需要全程摄像取证，记录完整的检查过程，防止窃电用户诬陷用电检查人员的事件发生。 摄像取证的重点： (1) 计量设备摄像取证：①进线；②表箱前面；③表箱后面。 (2) 人员及现场环境：完整、清晰录制用电检查人员及用户代表的全景画面及对话。 (3) 现场环境：要求含有检查人员、监护人员，能够表明窃电地点的明显标志，保证录制全程检查人员、监护人员与电表箱和电能表在同一画面内
	检查表箱周围	表箱后面：检查表箱后面有无异物、划痕。 表箱进线：检查表箱进线孔内有无与计量无关的线缆。 表箱前面：检查表箱前面有无被破坏的痕迹
	检查表箱内部	开启表箱后，不要用手触碰计量装置及接线，且全程摄像记录。检查二次回路是否有明显损坏及计量装置铅封是否正常，是否存在与计量无关的设备
	检测实际负荷	检查并记录用户的实际负荷，用钳形电流表测量： U相电流_____，W相电流_____。 检查变压器容量_____，计算负荷率_____
	检测智能电能表	电能表的外观：电能表外观是否被破坏_____，是否受热变形_____。 电能表铭牌参数核对：电能表脉冲常数_____，额定电流_____。 查看电能表的报警信息。 用智能电能表诊断工具检查：电压_____，电流_____，功率因数_____。 最近一次开盖记录_____，误差_____。 最大需量_____，失电压记录_____，失电流记录_____
	检测计量回路	进线：有无异物_____。 二次电缆：有无异物、粘连_____。 接线盒：连接片_____，螺钉_____，进线_____，出线_____。 相序：检查计量回路的相序是否正常
第三步：计算电量	检查结果确认	检查完毕，用户确认检查过程及结果
	测算损失比例	现场测量、计算窃电手段导致电量损失的比例_____
	窃电证据保全	将现场与窃电有关的证物贴封条、装箱，签字、按手印妥善保存

4.2.3 接线盒分流窃电查处

1. 查处窃电实例解析

📋 案情回顾

国家电网公司通过电能监控系统，发现某变压器容量为2500kVA的变电站，长期存在用电异常情况，但是不能判断是什么窃电方式。于是对该户安装了专业反窃电设备进行现场监测。现场监测到的数据与用电信息采集系统中显示的数据相差甚远。系统中显示其电能表的二次电流在 0.49～1.21A 之间，将其乘以电流互感器的变比 30，则用户当时一次电流应不大于 1.21×30≈36（A），监测到的一次侧数据达 100A。说明该变电站的计量电流值比实际应有电流值小很多，存在少计量情况。

公安部门在接到报警后，经仔细侦查，摸清嫌疑人的活动规律，并制订抓捕计划。5 月 21日 6 时许，两名犯罪嫌疑人在换班时被警方抓获。据嫌疑人张某、余某等人承认，他们长期通过改变接线盒内部电流回路窃电，并为周边多个企业工厂供电，牟取暴利。

进入配电房，用电检查人员发现存在短接接线盒前电流回路的窃电现象，如图 4-28 所示。现场测试数据：电能表显示的 W 相数据为 1.21A，而接线盒前钳形电流表显示的 W相电流为 2.48A。查获的窃电工具如图 4-29所示（红色短路线＋木板＝窃电工具）。

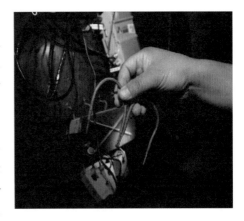

图 4-28　窃电现场

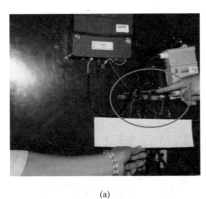

(a)

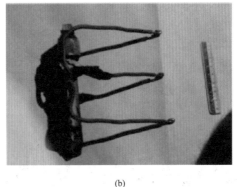

(b)

图 4-29　查获的窃电工具
(a) 实物（一）；(b) 实物（二）

🎯 原理剖析

在进接线盒和出接线盒之间加入短接 U 形环，短接电流回路，窃电量能够达到 50％。接线盒窃电原理如图 4-30 所示。

2. 查处窃电流程

🔍 检查要点

(1) 检查接线盒连接片、螺钉、罩壳是否完好。

(2) 测量接线盒两侧的电流值（接线盒两侧电流对比如图 4-31 所示）。

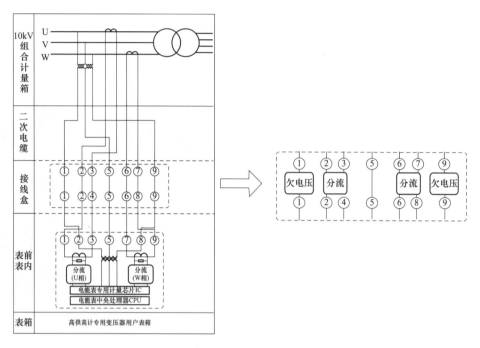

图 4-30　接线盒窃电原理

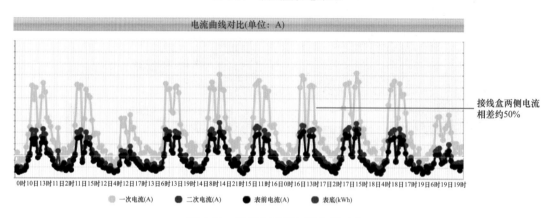

图 4-31　接线盒两侧电流曲线对比

检查流程

为了得到合法有效的窃电证据，实现快速、有效查处目标，用电检查人员需要规范检查步骤，高供高计专用变压器计量接线盒方式窃电检查流程见表 4-3。

表 4-3　　　　　高供高计专用变压器计量接线盒方式窃电检查流程

步骤	内　容	说明
第一步： 准备工作	摄像取证装备	摄像机：具有夜视功能的摄像机是查处窃电取证的必要工具。 手电筒：强光手电筒是用电检查工作的必要工具
	检测智能 电能表的工具	智能电能表诊断仪器：分析、诊断电能表内部故障、电能表参数及误差的工具，基于瓦秒法测试误差的工具等

步骤	内 容	说 明
第一步：准备工作	检测计量回路的工具	低压负荷检测仪器：钳形电流表。 高压负荷检测仪器：高压变比测试仪。 检查相位关系的仪器：相位伏安表等
	窃电证据保全准备	封条、纸箱、印油（按手印）等用于保全窃电证据的装备
第二步：检查重点	启动摄像取证	摄像取证：操作前、操作过程需要全程摄像取证，记录完整的检查过程，防止窃电用户诬陷用电检查人员的事件发生。 摄像取证的重点： （1）计量设备摄像取证：①进线；②表箱前面；③表箱后面。 （2）人员及现场环境：完整、清晰录制用电检查人员及用户代表的全景画面及对话。 （3）现场环境：要求含有检查人员、监护人员，能够表明窃电地点的明显标志，保证录制全程检查人员、监护人员与电表箱和电能表在同一画面内
	检查表箱周围	表箱后面：检查表箱后面有无异物、划痕。 表箱进线：检查表箱进线孔内有无与计量无关的线缆。 表箱前面：检查表箱前面有无被破坏的痕迹
	检查表箱内部	开启表箱后，不要用手触碰计量装置及接线，且全过程摄像记录。检查二次回路是否有明显破坏及计量装置铅封是否正常，是否存在与计量无关的设备
	检测实际负荷	检查并记录用户的实际负荷，用钳形电流表测量： U 相电流_____，W 相电流_____。 检查变压器容量_____，计算负荷率_____
	检测智能电能表	电能表的外观：电能表外观是否被破坏_____，是否受热变形_____。 电能表铭牌参数核对：电能表脉冲常数_____，额定电流_____。 查看电能表的报警信息。 用智能电能表诊断工具检查：电压_____，电流_____，功率因数_____。 最近一次开盖记录_____，误差_____。 最大需量_____，失电压记录_____，失电流记录_____
	检测计量回路	进线：有无异物_____。 二次电缆：有无异物、粘连_____。 接线盒：连接片_____，螺钉_____，进线_____，出线_____。 相序：检查计量回路的相序是否正常
第三步：计算电量	检查结果确认	检查完毕，用户确认检查过程及结果
	测算损失比例	现场测量、计算窃电手段导致电量损失的比例_____
	窃电证据保全	将现场与窃电有关的证物贴封条、装箱、签字、按手印妥善保存

4.2.4 错相序窃电查处

1. 查处窃电实例解析

📖 案情回顾

在供电公司用电检查人员开展工作时，发现某食品有限公司的计量箱铅封有被破坏的痕迹，检查人员怀疑该用户窃电，打开表箱进一步排查，发现电压数据、电流数据、变压器容量 630kVA、电流互感器变比 50/5 均正常。三相功率却出现了问题：U、W 相功率之和不等于总功率。现场把用电检查仪接上校验检查仪，显示相位图角度错误，U 相电流反向，造成表计错误，现场确定该户有窃电行为。错相序方式窃电如图 4-32 所示。

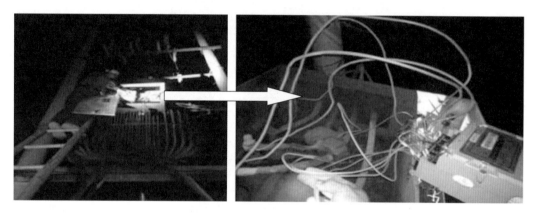

图 4-32　错相序方式窃电

⚙ 原理剖析

电流相位的变化可以影响功率计量值的大小，采用各种手法改变电能表电流端的正常接线，就可以改变电能表中电流和电压的正常相位关系，使电能表少计量。改变电流正常相位关系原理如图 4-33 所示。

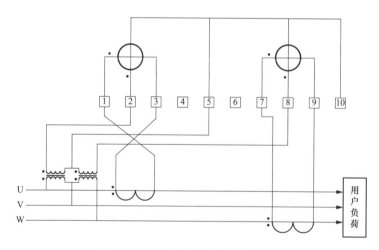

图 4-33　改变电流正常相位关系原理

电流正确相序和电流错误相序分别如图 4-34 和图 4-35 所示。计量元件①测得的电压 U_{uv} 与计量元件②测得的电压值 U_{wv} 均为正确值，但计量元件①测得的电流值 I_u 却与理论值方向相反。

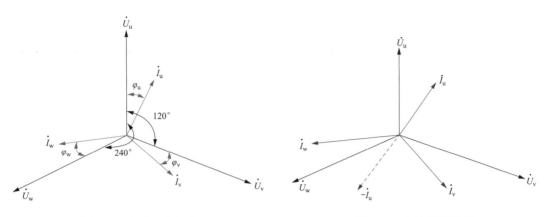

| 图 4-34 电流正确相序 | 图 4-35 电流错误相序 |

正常接线时，总功率为

$$P = P_\mathrm{u} + P_\mathrm{w} = 2UI\cos\varphi$$

改变电流相位后的总功率为

$$P' = P'_\mathrm{u} + P_\mathrm{w}$$
$$= U_\mathrm{uv}I_\mathrm{u}\cos(150° - \varphi_\mathrm{u}) + U_\mathrm{wv}I_\mathrm{w}\cos\varphi_\mathrm{w}$$
$$= UI\sin\varphi$$

因此，按此种方法接线时，电能表将少计电量。

2. 查处窃电流程

检查要点

（1）通过功率因数、相量图等方式分析、判断是否存在错相序方式窃电。
（2）经互感器接入电能表的计量方式重点检查电流的极性、电压的对应关系。

检查流程

为了得到合法有效的窃电证据，实现快速、有效查处目标，用电检查人员需要规范检查步骤。高供高计专用变压器计量错相序方式窃电检查流程见表 4-4。

表 4-4　　　　　　高供高计专用变压器计量错相序方式窃电检查流程

步骤	内容	说明
第一步：准备工作	摄像取证装备	摄像机：具有夜视功能的摄像机是查处窃电取证的必要工具。 手电筒：强光手电筒是用电检查工作的必要工具
	检测智能电能表的工具	智能电能表诊断仪器：分析、诊断电能表内部故障、电能表参数及误差的工具，基于瓦秒法测试误差的工具等
	检测计量回路的工具	低压负荷检测仪器：钳形电流表。 高压负荷检测仪器：高压变比测试仪。 检查相位关系的仪器：相位伏安表等
	窃电证据保全准备	封条、纸箱、印油（按手印）等用于保全窃电证据的装备

续表

步骤	内容	说明
第二步：检查重点	启动摄像取证	摄像取证：操作前、操作过程需要全程摄像取证，记录完整的检查过程，防止窃电用户诬陷用电检查人员的事件发生。 摄像取证的重点。 （1）计量设备摄像取证：①进线；②表箱前面；③表箱后面。 （2）人员及现场环境：完整、清晰录制用电检查人员及用户代表的全景画面及对话。 （3）现场环境：要求含有检查人员、监护人员，能够表明窃电地点的明显标志，保证录制全程检查人员、监护人员与电表箱和电能表在同一画面内
	检查表箱周围	表箱后面：检查表箱后面有无异物、划痕。 表箱进线：检查表箱进线孔内有无与计量无关的线缆。 表箱前面：检查表箱的前面有无破坏的痕迹
	检查表箱内部	开启表箱后，不要用手触碰计量装置及接线，且全程摄像记录。检查二次回路是否有明显损坏及计量装置铅封是否正常，是否存在与计量无关的设备
	检测实际负荷	检查并记录用户的实际负荷，用钳形电流表测量： U相电流_____，W相电流_____。 检查变压器容量_____，计算负荷率_____
	检测智能电能表	电能表的外观：电能表外观是否被破坏_____，是否受热变形_____。 电能表铭牌参数核对：电能表脉冲常数_____，额定电流_____。 查看电能表的报警信息。 用智能电能表诊断工具检查：电压_____，电流_____，功率因数_____。 最近一次开盖记录_____，误差_____。 最大需量_____，失电压记录_____，失电流记录_____
	检测计量回路	进线：有无异物_____。 二次电缆：有无异物、粘连_____。 接线盒：连接片_____，螺钉_____，进线_____，出线_____。 相序：检查计量回路的相序是否正常
第三步：计算电量	检查结果确认	检查完毕，用户确认检查过程及结果
	测算损失比例	现场测量、计算窃电手段导致电量损失的比例_____
	窃电证据保全	将现场与窃电有关的证物贴封条、装箱，签字、按手印妥善保存

4.2.5　改动电能表内元件窃电查处

1. 查处窃电实例解析

案情回顾

某日晚，供电公司工作人员通过监测系统发现变压器容量为 800kVA、电流互感器变比为 50/5 的某鞋业有限公司的用电情况存在异常，且在检查过程中发现计量箱铅封有被破坏的痕迹，但是电能表铅封没有被破坏的痕迹，随后供电所用电检查人员上报了此情况，并把电能表拆下，发现电能表后盖被破坏。

把电能表拿到计量中心进行计量表校验，发现电能表内的采样电阻被更换（见图 4-36）。经校验该电能表的误差为 −45.3%。电能表内的事件记录显示 2014 年 7 月 6 日 00：57：54～03：06：01 内出现掉电和上电的记录。

图 4-36　改动电能表采样电阻

现场查验结果显示该用户自 2014 年 7 月 6 日开始通过蓄意改变用电计量装置的方式进行窃电，检查人员随即进行现场拍照、录像留证，并让客户现场确认签字。

◎ 原理剖析

在计量回路改动电能表采样电阻，改变电压分配，从而减小分压网络的输出采样信号，使电能表少计电量，达到窃电的目的。该窃电方法隐蔽性强，若取证环节不够严谨，易引起纠纷，从而导致证据失效。改采样电阻窃电原理如图 4-37 所示。

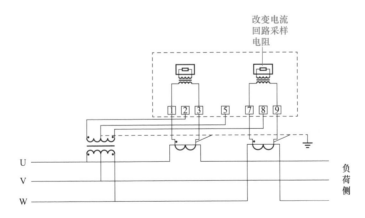

图 4-37　改采样电阻窃电原理

2. 查处窃电流程

🔍 检查要点

（1）检查电能表的铅封有没有被破坏。

（2）检查电能表是否有被破坏的痕迹（电能表背面被破坏现场如图 4-38 所示）。

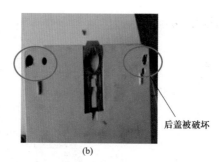

（a）　　　　　　　　　　　　（b）

图 4-38　电能表背面被破坏现场

（a）现场（一）；（b）现场（二）

（3）若发现异常开盖记录，则需要认真查找窃电证据。

（4）重点做好窃电取证及损失电量比例的计算。

（5）封存电能表、铅封、采样电阻、遥控接收器等窃电证据。

检查流程

为了得到合法有效的窃电证据，实现快速、有效查处目标，用电检查人员需要规范检查步骤。高供高计专用变压器用户改动电能表内元件方式窃电检查流程见表 4-5。

表 4-5　　　　　　　高供高计专用变压器用户改动电能表内元件方式窃电检查流程

步骤	内容	说明
第一步：准备工作	摄像取证装备	摄像机：具有夜视功能的摄像机是查处窃电取证的必要工具。 手电筒：强光手电筒是用电检查工作的必要工具
	检测智能电能表的工具	智能电能表诊断仪器：分析、诊断电能表内部故障、电能表参数及误差的工具，基于瓦秒法测试误差的工具等
	检测计量回路的工具	低压负荷检测仪器：钳形电流表。 高压负荷检测仪器：高压变比测试仪。 检查相位关系的仪器：相位伏安表等
	窃电证据保全准备	封条、纸箱、印油（按手印）等用于保全窃电证据的装备
第二步：检查重点	启动摄像取证	摄像取证：操作前、操作过程需要全程摄像取证，记录完整的检查过程，防止窃电用户诬陷用电检查人员的事件发生。 摄像取证的重点： （1）计量设备摄像取证：①进线；②表箱前面；③表箱后面。 （2）人员及现场环境：完整、清晰录制用电检查人员及用户代表的全景画面及对话。 （3）现场环境：要求含有检查人员、监护人员，能够表明窃电地点的明显标志，保证录制全程检查人员、监护人员与电表箱和电能表在同一画面内
	检查表箱周围	表箱后面：检查表箱后面有无异物、划痕。 表箱进线：检查表箱进线孔内有无与计量无关的线缆。 表箱前面：检查表箱前面有无被破坏的痕迹
	检查表箱内部	开启表箱后，不要用手触碰计量装置及接线，且全程摄像记录。检查二次回路是否有明显损坏及计量装置铅封是否正常，是否存在与计量无关的设备
	检测实际负荷	检查并记录用户的实际负荷，用钳形电流表测量： U 相电流_____，W 相电流_____。 检查变压器容量_____，计算负荷率_____

步骤	内容	说明
第二步: 检查重点	检测智能电能表	电能表的外观:电能表外观是否被破坏_____,是否受热变形_____。 电能表铭牌参数核对:电能表脉冲常数_____,额定电流_____。 查看电能表的报警信息。 用智能电能表诊断工具检查:电压_____,电流_____,功率因数_____。 最近一次开盖记录_____,误差_____。 最大需量_____,失电压记录_____,失电流记录_____
	检测计量回路	进线:有无异物_____。 二次电缆:有无异物、粘连_____。 接线盒:连接片_____,螺钉_____,进线_____,出线_____。 相序:检查计量回路的相序是否正常
第三步: 计算电量	检查结果确认	检查完毕,用户确认检查过程及结果
	测算损失比例	现场测量、计算窃电手段导致电量损失的比例_____
	窃电证据保全	将现场与窃电有关的证物贴封条、装箱,签字、按手印妥善保存

4.2.6　强磁干扰窃电查处

1. 查处窃电实例解析

📋案情回顾

某供电公司接到举报,有一木材厂用电异常,该木材厂用电设备很多,抄表数据却显示该木材厂每天大约用电 1000kWh,而同行业相同大小的木材厂一天平均用电 7000kWh。于是,检查人员前往该木材厂检查,但经检查发现该户用电正常,变压器容量为 1250kVA,电流互感器的变比为 75/5,没有任何窃电的痕迹。

用电检查人员联系警方前往该用户检查,到达该户后,在表箱外部并未发现明显异常。打开表箱后,发现该表箱内存在异常电能表,进一步检查发现其内部经过改造,存在一块强磁铁。隐藏强磁铁的终端如图 4-39 所示。

表箱后面的表壳被
赋予新的功能

(a)　　　　　　　　　　　　　　(b)

图 4-39　隐藏强磁铁的终端

(a)伪造后的强磁铁窃电装置;(b)内置强磁铁

在证据面前，该用户承认自己的窃电行为，并补缴损失电费及违约用电费用。

🌀 原理剖析

强磁场能够干扰计量表计中的电流互感器、CPU 等电子器件，使电能表内部电流互感器磁路饱和，导致输出异常。强磁铁窃电与正常用电的电流波形对比如图 4-40 所示，用示波器观察电能表内部，干扰前的电流波形为正弦波，强磁铁干扰后，对应的电流幅值减小，波形几乎成为一条直线。

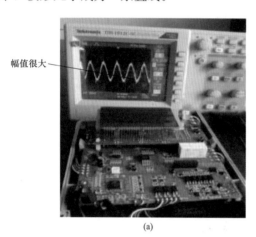
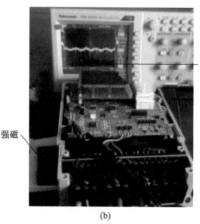

(a)   (b)

图 4-40　强磁铁窃电与正常用电的电流波形对比

(a) 正常用电的电流；(b) 强磁铁窃电的电流波形

2. 查处窃电流程

🔍 检查要点

(1) 注意表箱后面有没有划痕。

(2) 注意表箱后面有没有异物（强磁铁窃电现场如图 4-41 所示）。

图 4-41　强磁铁窃电现场

（3）注意监测电能表周围的磁场强度。

检查流程

为了得到合法有效的窃电证据，实现快速、有效查处目标，用电检查人员需要规范检查步骤。高供高计专用变压器用户强磁干扰方式窃电检查流程见表 4-6。

表 4-6 　　　　　　　　　高供高计专用变压器用户强磁干扰方式窃电检查流程

步骤	内容	说明
第一步：准备工作	摄像取证装备	摄像机：具有夜视功能的摄像机是查处窃电取证的必要工具。 手电筒：强光手电筒是用电检查工作的必要工具
	检测智能电能表的工具	智能电能表诊断仪器：分析、诊断电能表内部故障、电能表参数及误差的工具，基于瓦秒法测试误差的工具等
	检测计量回路的工具	低压负荷检测仪器：钳形电流表。 高压负荷检测仪器：高压变比测试仪。 检查相位关系的仪器：相位伏安表等
	窃电证据保全准备	封条、纸箱、印油（按手印）等用于保全窃电证据的装备
第二步：检查重点	启动摄像取证	摄像取证：操作前、操作过程需要全程摄像取证，记录完整的检查过程，防止窃电用户诬陷用电检查人员的事件发生。 摄像取证的重点： （1）计量设备摄像取证：①进线；②表箱前面；③表箱后面。 （2）人员及现场环境：完整、清晰录制用电检查人员及用户代表的全景画面及对话。 （3）现场环境：要求含有检查人员、监护人员，能够表明窃电地点的明显标志，保证录制全程检查人员、监护人员与电表箱和电能表在同一画面内
	检查表箱周围	表箱后面：检查表箱后面有无异物、划痕。 表箱进线：检查表箱进线孔内有无与计量无关的线缆。 表箱前面：检查表箱前面有无被破坏的痕迹
	检查表箱内部	开启表箱后，不要用手触碰计量装置及接线，且全过程摄像记录。检查二次回路是否有明显损坏及计量装置铅封是否正常，是否存在与计量无关的设备
	检测实际负荷	检查并记录用户的实际负荷，用钳形电流表测量： U 相电流_____，W 相电流_____。 检查变压器容量_____，计算负荷率_____
	检测智能电能表	电能表的外观：电能表外观是否被破坏_____，是否受热变形_____。 电能表铭牌参数核对：电能表脉冲常数_____，额定电流_____。 查看电能表的报警信息。 用智能电能表诊断工具检查：电压_____，电流_____，功率因数_____。 最近一次开盖记录_____，误差_____。 最大需量_____，失电压记录_____，失电流记录_____
	检测计量回路	进线：有无异物_____。 二次电缆：有无异物、粘连_____。 接线盒：连接片_____，螺钉_____，进线_____，出线_____。 相序：检查计量回路的相序是否正常
第三步：计算电量	检查结果确认	检查完毕，用户确认检查过程及结果
	测算损失比例	现场测量、计算窃电手段导致电量损失的比例_____
	窃电证据保全	将现场与窃电有关的证物贴封条、装箱，签字、按手印妥善保存

注 此类窃电的窃电比例要当场测量，否则无法计算损失电量。

4.2.7　高频干扰窃电查处

1. 查处窃电实例解析

📋案情回顾

　　某矿产建材厂采用高供高计的计量方式，变压器容量为 2000kVA，电流互感器的变比为 100/5，电压互感器的变比为 100，供电公司一直怀疑该厂存在异常用电情况，但多次检查没有收获。于是，对该厂采用传统的防窃电方法，将其计量装置外迁约 100m，柱上计量，但依然存在窃电行为。高供高计柱上计量现场如图 4-42 所示。

图 4-42　高供高计柱上计量现场

　　由于传统的用电检查未发现异常，这次重点考虑高科技窃电，随即部署安装能够防范高科技窃电的装备。11 月 15 日，用电现场稽查仪监测到有高频干扰信号，并在用电系统中发现该户电流数据出现规律性的缺失，所以初步判定为高频干扰窃电。

　　11 月 20 日凌晨，用电检查人员与公安人员、专业技术人员共同出击，将该窃电户成功查获，这是查获的国内首起在表箱下有人值守的高频干扰窃电，如图 4-43 所示。

　　警电联动，在高压计量箱下面，查获两名窃电人及窃电设备。窃电案件现场如图 4-44 所示。查获的窃电设备如图 4-45 所示。

　　该窃电用户通过导线，将 100m 外的高频信号发射装置发出的高频干扰信号搭在表箱上，干扰电能表和终端的运行。值得一提的是，电能表及表箱没有任何被破坏的痕迹。但凡窃电人员发现有情况，就会将高频信号线从表箱上取下，从而将证据隐匿。

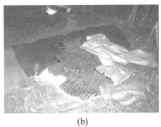

(a)   (b)

图 4-43　窃电现场有人值守

（a）远景；（b）近景

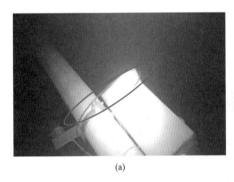
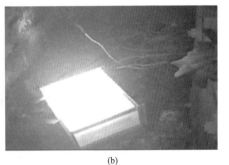

(a)   (b)

图 4-44　窃电案件现场

（a）现场（一）；（b）现场（二）

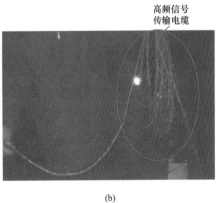

(a)   (b)

图 4-45　查获的窃电设备

（a）高频信号发生器；（b）高频信号传输电缆

原理剖析

高频干扰主要影响电能表计量芯片和 CPU，使得计量芯片无法正常计量，CPU 不断复位或处于死机状态，窃电量能够达 100%。高频干扰电能表窃电原理如图 4-46 所示。

2. 查处窃电流程

🔍 **检查要点**

（1）注意电能表和终端的外壳有没有被烧坏的痕迹（高频信号发热烧坏外壳如图 4-47 所示）。

（2）注意查看表箱外面有没有搭接线。

（3）注意查看终端是否在线。

（4）监测电能表周围辐射电磁场的强度，并记录起止时间。

（5）监测 CPU 的运行状态，监测电能表被干扰的程度，实时测量电能表的误差。

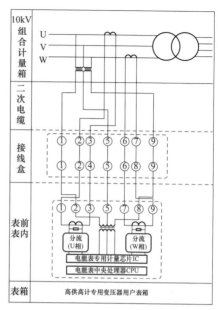

图 4-46　高频干扰电能表窃电原理

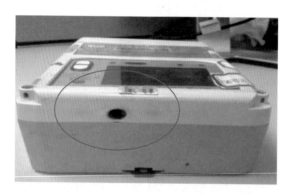

图 4-47　高频信号发热烧坏外壳

注：此类窃电的窃电比例要当场测量出来，否则无法计算损失电量。

🛡 **检查流程**

为了得到合法有效的窃电证据，实现快速、有效查处目标，用电检查人员需要规范检查步骤。高供高计专用变压器用户高频干扰方式窃电检查流程见表 4-7。

表 4-7　　　　　　　高供高计专用变压器用户高频干扰方式窃电检查流程

步骤	内容	说明
第一步：准备工作	摄像取证装备	摄像机：具有夜视功能的摄像机是查处窃电取证的必要工具。 手电筒：强光手电筒是用电检查工作的必要工具
	检测智能电能表的工具	智能电能表诊断仪器：分析、诊断电能表内部故障、电能表参数及误差的工具，基于瓦秒法测试误差的工具等

步骤	内容	说明
第一步：准备工作	检测计量回路的工具	低压负荷检测仪器：钳形电流表。 高压负荷检测仪器：高压变比测试仪。 检查相位关系的仪器：相位伏安表等
	窃电证据保全准备	封条、纸箱、印油（按手印）等用于保全窃电证据的装备
第二步：检查重点	启动摄像取证	摄像取证：操作前、操作过程需要全程摄像取证，记录完整的检查过程，防止窃电用户诬陷用电检查人员的事件发生。 摄像取证的重点： (1) 计量设备摄像取证：①进线；②表箱前面；③表箱后面。 (2) 人员及现场环境：完整、清晰录制用电检查人员及用户代表的全景画面及对话。 (3) 现场环境：要求含有检查人员、监护人员，能够表明窃电地点的明显标志，保证录制全程检查人员、监护人员与电表箱和电能表在同一画面内
	检查表箱周围	表箱后面：检查表箱后面有无异物、划痕。 表箱进线：检查表箱进线孔内有无与计量无关的线缆。 表箱前面：检查表箱前面有无被破坏的痕迹
	检查表箱内部	开启表箱后，不要用手触碰计量装置及接线，且全过程摄像记录。检查二次回路是否有明显损坏及计量装置铅封是否正常，是否存在与计量无关的设备
	检测实际负荷	检查并记录用户的实际负荷，用钳形电流表测量： U 相电流_____，W 相电流_____。 检查变压器容量_____，计算负荷率_____
	检测智能电能表	电能表的外观：电能表外观是否被破坏_____，是否受热变形_____。 电能表铭牌参数核对：电能表脉冲常数_____，额定电流_____。 查看电能表的报警信息。 用智能电能表诊断工具检查：电压_____，电流_____，功率因数_____ 最近一次开盖记录_____，误差_____。 最大需量_____，失电压记录_____，失电流记录_____
	检测计量回路	进线：有无异物_____。 二次电缆：有无异物、粘连_____。 接线盒：连接片_____，螺钉_____，进线_____，出线_____。 相序：检查计量回路的相序是否正常
第三步：计算电量	检查结果确认	检查完毕，用户确认检查过程及结果
	测算损失比例	现场测量、计算窃电手段导致电量损失的比例_____
	窃电证据保全	将现场与窃电有关的证物贴封条、装箱，签字、按手印妥善保存

4.3 高供高计专用变压器用户查处窃电方法实训

要想提高反窃电稽查效率，不仅要拥有扎实的反窃电理论知识，还要有熟练的反窃电实操技能，本章前面已讲解过高供高计计量系统的理论知识及常见的反窃电操作方法，本节主要内容是仿真用电检查现场，进行反窃电演练及实操培训，使学员能够将理论知识与实践应用相结合，在实训中提升用电检查人员的反窃电实操技能。

4.3.1 培训作业指导书

1. 目标及内容(见表4-8)

表 4-8 　　　　　　　　　　　　目 标 及 内 容

课程名称:如何对工矿企业等高供高计用户查处窃电?		
	知识目标	能力(技能)目标
培训目标	(1) 熟悉高供高计计量系统。 (2) 通过反窃电仿真平台掌握高供高计反窃电的方法。 (3) 掌握高供高计反窃电方法。 (4) 掌握通过10kV多用户公用线路实操平台现场查处窃电的方法	(1) 熟悉高供高计计量系统。 (2) 了解高供高计计量系统常见的窃电方式及现象
能力训练任务及案例	任务一:掌握高供高计计量方式常见窃电方式及反窃电的方法。 任务二:通过实训教学屏,对各环节窃电数据进行直观的了解	
参考资料	《供电营业规则》《反窃电管理办法》	

2. 教学设计(见表4-9)

表 4-9 　　　　　　　　　　　　教 学 设 计

步骤	教学内容	教学方法	教学手段	学员活动	时间分配
引入、告知 (教学内容、目的)	组织教学: 学员按学号分成12个小组。 内容回顾: 回顾反窃电工作的重点和难点。 引入本次课程主要任务: (1) 掌握高供高计计量系统的薄弱环节。 (2) 掌握高供高计计量系统常见的窃电方式及现象	讲授	多媒体教学	听讲、记录	50min
讲授或实训 (掌握基本技能,加深对基本技能的体会,巩固、拓展、检验)	任务一: (1) 反窃电现状。 (2) 高供高计计量系统介绍及易发生窃电位置。 (3) 现场常用反窃电工具。 (4) 高供高计典型案例。 (5) 高供高计计量系统现场反窃电注意事项	讲授案例 提问讨论	多媒体教学	阅读听讲 记录互动	50min
	任务二: (1) 利用实训教学屏让学员直观了解窃电发生时计量回路各环节的数据变化。 (2) 组织学员分组进行实际操作				50min
总结、归纳 (知识、能力)	(1) 回顾高供高计计量系统常见的窃电类型。 (2) 总结高供高计计量系统的反窃电方法	讨论案例	多媒体教学	听讲记录	10min
作业	高供高计计量方式采取的防窃电措施有哪些			记录	
后记					

4.3.2 查处窃电方法实训

高供高计三相三线计量系统反窃电方法演练在如图 4-48 所示的实训教学屏上进行，可以进行各种窃电方式的分析、反窃电原理及方法的理论练习，掌握不同计量元件的测试方法，明确取证关键部位，为现场实操应用做准备。

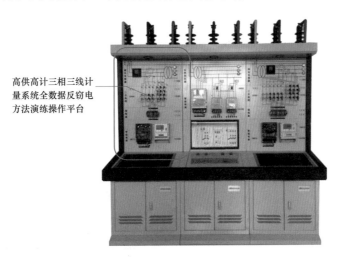

高供高计三相三线计量系统全数据反窃电方法演练操作平台

图 4-48 实训教学屏

以高供高计三相三线计量系统中组合互感器内部 W 相分流窃电方式为例，进行反窃电方法演练，学会观察窃电前后的数据变化、分析数据、使用测量工具等。

反窃电检查过程中，需要采集实际负荷的一次数据、二次数据。

操作流程

第一步：用户信息登记

记录用户的计量方式、电流互感器的变比、电压互感器的变比、倍率等信息，注意记录要准确、详细，用于与现场实际用电情况及数据进行对比，对用户异常用电情况做基本验证。

用户信息见表 4-10。

表 4-10　　　　　　　　　　　用 户 信 息

计量方式	高供高计		
参数	电压100V，电压互感器的变比为3.8（380/100）		
	电流互感器的变比10/5，穿心匝数10匝，电流互感器的变比为2，倍率＝电压互感器的变比×电流互感器的变比＝3.8×2＝7.6		

第二步：测量实际负荷——记录一次电流数据

反窃电工作中的核心内容是取证和计算追补电量，用高压钳形电流表测量用户一次实际负荷，可以将其作为追补电量的依据。

高供高计一次电流数据测量如图 4-49 所示。用户一次实际负荷记为 I_{U1}、I_{V1}、I_{W1}。高供高计一次负荷电流测量位置如图 4-50 所示。测量结果见表 4-11。

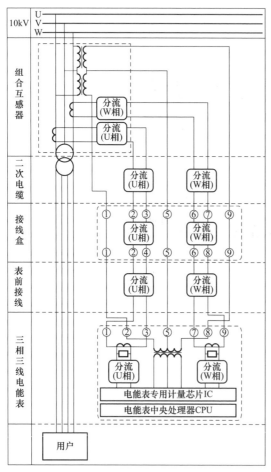

图 4-49　高供高计一次电流数据测量

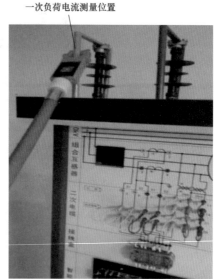

4-50　高供高计一次负荷电流测量位置

表 4-11　　　　　　　　　　　　　测　量　结　果

测量工具	高压钳形电流表
测量位置	一次实际负荷
数据	$I_{U1}=\underline{0.94A}$
	$I_{V1}=\underline{0.99A}$
	$I_{W1}=\underline{0.96A}$
分析	根据 $P_{总1}=1.732UI\cos\varphi$，$P_{总1}=\underline{0.625kW}$

第三步：查看电能表数据——记录二次数据

电能表显示数据是记录用户当前真实用电情况信息的，在电能表中可以通过操作电能表液晶显示屏旁边的上下按键读取用户电压、电流、功率等信息，将电能表数据与用户一次数据进行对比,进一步判定用户的异常情况。

三相三线智能电能表数据测量如图 4-51 所示。电能表内数据记为 I_{u7}、I_{w7}、U_{u7}、U_{w7}。电能表内电流数据读取如图 4-52 所示。电能表内电压数据读取如图 4-53 所示。

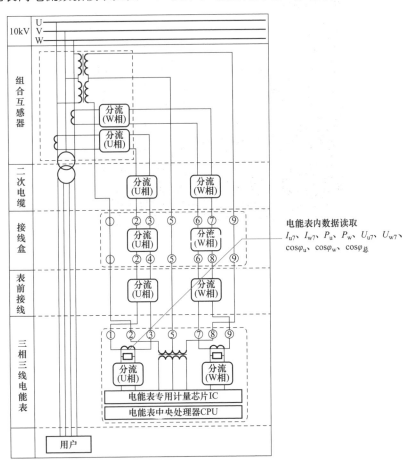

图 4-51 三相三线智能电能表数据测量

图 4-52 电能表内电流数据读取

图 4-53　电能表内电压数据读取

电能表内部数据测量结果见表 4-12。

表 4-12　　　　　　　　　　　　电能表内部数据测量结果

测量工具及数据取得方式	电能表，液晶显示屏直接读取	
测量位置	电能表内部	
数据	$I_{u7}=\underline{1.08A}$	$U_{u7}=\underline{110V}$
	$I_{w7}=\underline{0.16A}$	$U_{w7}=106.5V$
	$P_u=0.018kW$;　$P_w=0.099kW$	
	$\cos\varphi_{总}=\underline{90.1\%}$	$\cos\varphi_u=\underline{83.7\%}$
	$\cos\varphi_w=\underline{82.4\%}$	
分析	$P_{总2}=P_u+P_w=0.107kW$; $P_{总1}\neq P_{总2}\times$倍率	

第四步：测量电能表前电压、电流数据

用钳形电流表测量电能表前 U、W 相的电流数据，用万用表测量电能表前 U、W 相的电压数据，并与表内数据、一次实际负荷数据进行对比、分析。

表前电流、电压数据记为 I_{u6}、I_{w6}、U_{u6}、U_{w6}。表前电流、电压数据测量如图 4-54 所示。表前电压数据测量如图 4-55 所示。表前电流数据测量如图 4-56 所示。

表前电流、电压的测量结果见表 4-13。

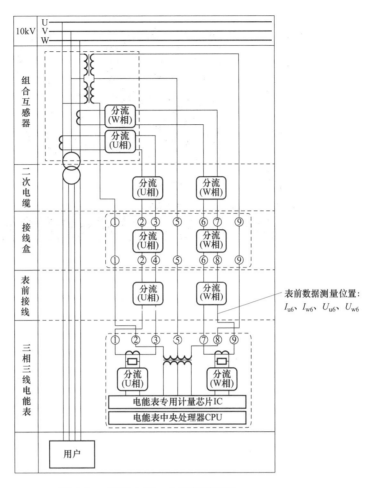

图 4-54　表前电流、电压数据测量

图 4-55　表前电压数据测量

图 4-56　表前电流数据测量

表 4-13　　　　　　　　　　　表前电流、电压的测量结果

测量工具	万用表、钳形电流表、伏安表	
测量位置	进入电能表前	
数据	$I_{u6}=1.08A$	$U_u=111V$
	$I_{w6}=0.16A$	$U_w=106V$
	$P_{总1}\neq P_{总2}\times$倍率	
	$\cos\varphi_总=0.901$	
	$\cos\varphi_u=0.837$	$\cos\varphi_w=0.824$
分析	表前数据与表内数据大致相同	

第五步：测量接线盒后数据

接线盒是窃电易发生的环节，用万用表和钳形电流表测量接线盒后电压、电流数据，与表前数据、电能表数据、一次电流负荷数据对比分析。

接线盒后电流、电压数据记为 I_{u5}、I_{w5}、U_{u5}、U_{w5}。接线盒后电流、电压数据测量如图 4-57 所示。

接线盒后电流、电压的测量结果见表 4-14。

第六步：测量进入接线盒前的数据

接线盒是窃电易发生的环节，用万用表和钳形电流表测量接线盒前的电压、电流数据，并与前几步所测数据进行对比、分析。

接线盒前电流、电压数据记为 I_{u4}、I_{w4}、U_{u4}、U_{w4}。接线盒前电流、电压数据测量如图 4-58 所示。

接线盒前电流、电压的测量结果见表 4-15。

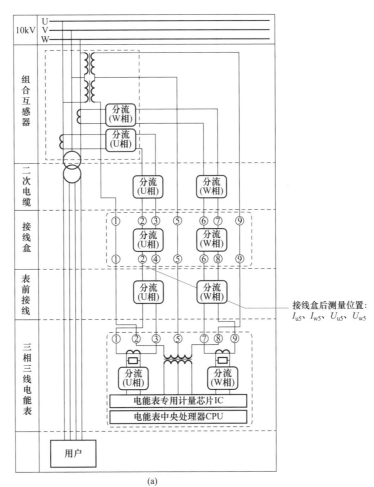

(a)

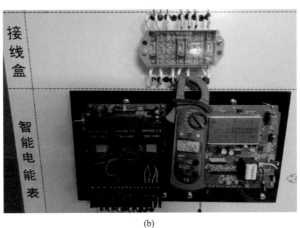

(b)

图 4-57　接线盒后电流、电压数据测量

（a）原理；（b）现场

表 4-14　　　　　　　　　　　接线盒后电流、电压的测量结果

测量工具	万用表、钳形电流表、相位伏安表
测量位置	接线盒出线处
数据	$I_{u5}=\underline{1.06}A$
	$I_{w5}=\underline{0.142}A$
分析	接线盒出线数据与表前数据大致相同

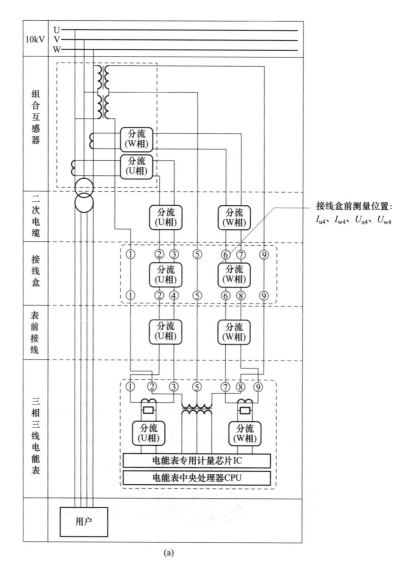

(a)

图 4-58　接线盒前电流、电压数据测量（一）

（a）原理

122

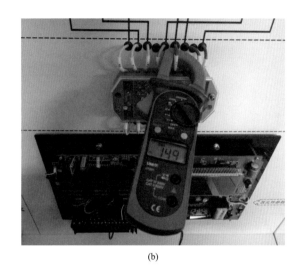

(b)

图 4-58　接线盒前电流、电压数据测量（二）

（b）现场

表 4-15　　　　　　　　　　　　　接线盒前电流、电压的测量结果

测量工具	万用表、钳形电流表、相位伏安表
测量位置	接线盒进线处
数据	$I_{u4}=1.08\mathrm{A}$
	$I_{w4}=0.149\mathrm{A}$
分析	接线盒前、后数据大致相同

第七步：测量二次电缆数据

在二次电缆部分易发生遥控器分流等隐蔽性窃电行为，用钳形电流表、万用表测量二次电缆的电压、电流数据，与前几步所测数据进行对比、分析，确定窃电位置及方法。

二次电缆电流、电压数据记为 I_{u3}、I_{w3}、U_{u3}、U_{w3}。二次电缆电流、电压数据测量如图 4-59 所示。

二次电缆电流的测量结果见表 4-16。

表 4-16　　　　　　　　　　　　　二次电缆电流的测量结果

测量工具	万用表、钳形电流表、相位伏安表
测量位置	二次电缆
数据	$I_{u3}=1.07\mathrm{A}$
	$I_{w3}=0.155\mathrm{A}$
分析	二次电缆数据与接线盒前数据大致相同

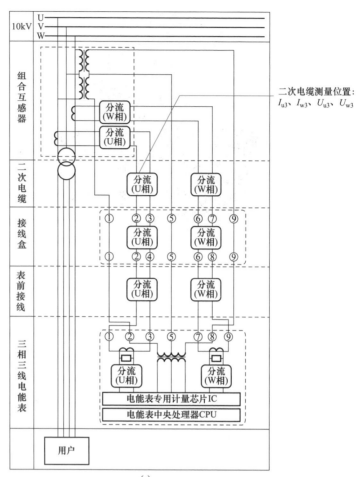

(a)

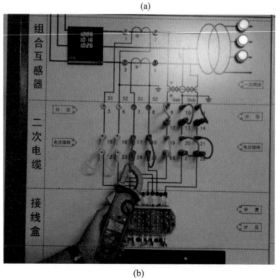

(b)

图 4-59　二次电缆电流、电压数据测量

（a）原理；（b）现场

第八步：后台读取互感器一次侧数据

互感器一次侧数据记录为 I_{u2}、I_{w2}、U_{u2}、U_{w2}。后台读取互感器一次侧数据见表 4-17。

第九步：后台数据分析

后台数据分析如图 4-60 所示。

第十步：测量互感器进、出线数据

表 4-17　　　　　　　　　　　　　　　　互感器一次侧测量结果

测量位置	互感器一次侧	
数据	$I_{u2}=\underline{1}$A	$U_{u2}=\underline{111}$V
	$I_{w2}=\underline{1.05}$A	$U_{w2}=\underline{110}$V
分析	进入互感器 U 相的电流值 I_{u2} 大于表内 U 相的电流值 I_{u7}，其他数据与表内数据大致相同	

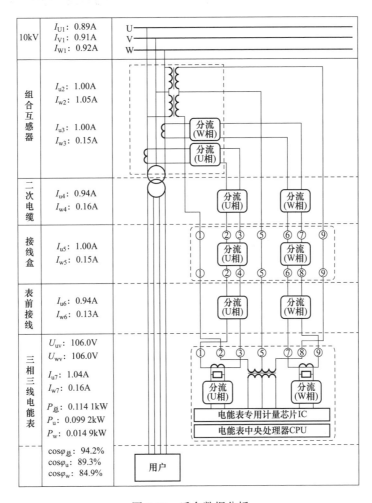

图 4-60　后台数据分析

在分析、判断出进入互感器 U 相电流值 I_{u2} 大于表内 U 相电流值 I_{u7}，其他数据与表内数据大致相同后，初步判断为互感器内部 U 相分流窃电，测量互感器进、出线数据，再做进一步判定。互感器进、出线侧数据测量如图 4-61 所示。

(a) (b)

图 4-61 互感器进、出线侧数据测量

(a) 进线侧；(b) 出线侧

互感器进、出线数据的测量结果见表 4-18。

表 4-18 互感器进、出线数据的测量结果

测量工具	高压钳形电流表	
测量位置	互感器一次侧及二次电缆侧	
数据	I_{u2}=1A	I_{u3}=1.07A
	I_{w2}=1.05A	I_{w3}=0.155A
分析	比较互感器进、出线数据，判断为互感器 W 相分流窃电	

4.3.3 用电现场查处窃电操作实训

高供高计用户查处窃电案例：通过对"营销 SG186 业务应用系统"数据的筛选、分析，初步诊断用户 003 号有异常用电情况，现需到现场进行用电检查。

第一步：准备工作

人员分工要明确：3 人一组，其中 1 人测量、1 人监护并记录、1 人全程摄像取证，以小组为单位进行练习。

工具准备要齐全：取证工具、测量工具、高科技反窃电设备等。

着装要求规范：按照供电服务和相应安全规程要求，穿戴绝缘鞋、安全帽、长袖纯棉上衣、低压绝缘手套或线手套。

具体的工作前准备见表 4-19。

表 4-19 　　　　　　　　　　　　　　　　工 作 前 准 备

步骤	内　容	说　明
第一步：准备工作	着装正确	按照供电服务和安全规程要求正确着装
	工具准备	一次性正确选取现场检查的常用工具和仪器、仪表
	摄像取证装备	摄像机：具有夜视功能的摄像机是查处窃电取证的必要工具。 手电筒：强光手电筒是用电检查工作必要工具
	窃电证据保全准备	封条、纸箱、印油（按手印）等用于保全窃电证据的装备

第二步：检查重点

在如图 4-62 所示的查处窃电操作平台上进行用电现场反窃电实操演练。检查过程见表 4-20。

图 4-62　查处窃电操作台

表 4-20 　　　　　　　　　　　　　　　　检 查 过 程

步骤	内容	说　明
第二步：检查重点	启动摄像取证	摄像取证：操作前、操作过程需要全程摄像取证，记录完整的检查过程，防止窃电用户诬陷用电检查人员的事件发生。 摄像取证的重点： （1）计量设备摄像取证：①进线；②表箱前面；③表箱后面。 （2）人员及现场环境：完整、清晰录制用电检查人员及用户代表的全景画面及对话。 （3）现场环境：要求含有检查人员、监护人员，能够表明窃电地点的明显标志，保证录制全程检查人员、监护人员与电表箱和电能表在同一画面内

步骤	内容	说明
第二步：检查重点	检查表箱周围	表箱后面：检查表箱后面有无异物、划痕。 表箱进线：检查表箱进线孔内有无与计量无关的线缆。 表箱前面：检查表箱前面有无被破坏的痕迹
	检查表箱内部	开启表箱后，不要用手触碰计量装置及接线，且全过程摄像记录。检查二次回路是否有明显损坏及计量装置铅封是否正常，是否存在与计量无关的设备
	测量实际负荷	核对变压器容量：<u>20kVA</u>，电压：<u>400V</u> 检查并记录用户的实际负荷，用现场变比测试仪测量。 测量位置：10kV 进线侧。 U 相电流：$I_{U1}=\underline{0.43A}$。 V 相电流：$I_{V1}=\underline{0.42A}$。 W 相电流：$I_{W1}=\underline{0.42A}$ $P_{总1}=1.732UI\cos\varphi_总=1.732\times380\times0.42\times1\times0.001=\underline{0.276kW}$
	检查组合互感器接线	互感器参数是否正确，接线极性是否正确 分析：组合互感器标志参数与档案一致，接线正确。 倍率＝电流互感器变比×电压互感器变比＝$(10/5)\times3.8=\underline{7.6}$
	检测智能电能表	电能表外观检查详细项目见第 4 章的检查流程。 查看电能表的报警信息____。 电能表铭牌参数核对
	电能表液晶显示屏数据或红外掌机抄读数据	

续表

步骤	内容	说明
第二步： 检查 重点	电能表液晶显示屏数据或红外掌机抄读数据	 电压：$U_u = 107V$；$U_w = 105.3V$。 电流：$I_u = 0.79A$；$I_w = 0.26A$。 功率因数0.969。 $P_{总2} = 0.105\ 1kW$。 分析：$P_{总1} \neq P_{总2} \times$ 倍率，电压回路基本正常，电流回路需要进一步检查
	测量进入电能表的数据	用钳形电流表测量 U、W 两相电流，或者用相位伏安表测量。

步骤	内容	说明
第二步：检查重点	测量进入电能表的数据	 电流：$I_u=0.78A$；$I_w=0.26A$。 功率因数0.999。 分析：进入电能表前 W 相的电流与表内电流一致，可判断窃电位置在进入电能表前
	检测接线盒的进线状态	出线：有无异物＿＿。 二次电缆：有无异物、粘连＿＿。 接线盒：连接片＿＿，螺钉＿＿，出线＿＿。 相序：检查计量回路的相序是否正常＿＿
	进线回路的测量	 电流：$I_u=0.79A$；$I_w=0.26A$。 功率因数0.999。 分析：出接线盒后 W 相的电流与进入接线盒前的电流一致，可判断窃电位置在进入接线盒出线前
	检测接线盒进线状态	出线：有无异物＿＿。 二次电缆：有无异物、粘连＿＿。 接线盒：连接片＿＿，螺钉＿＿，出线＿＿。 相序：检查计量回路的相序是否正常＿＿。

步骤	内容	说明
第二步：检查重点	进线回路的测量	 电流：$I_U=\underline{0.79A}$；$I_W=\underline{0.276A}$。 功率因数0.999。 分析：进入接线盒前 w 相的电流与表前电流一致，可判断窃电位置在进入接线盒前
	检测组合互感器一次进线及二次出线	出线：有无异物____。 二次电缆：有无异物、粘连____。 接线端子：连接片____，螺钉____。 相序：检查计量回路的相序是否正常____
	组合互感器一次数据与接线盒前二次电缆侧电流数据对比	一次进线侧电流：$I_U=\underline{0.43A}$；$I_W=\underline{0.42A}$。折算成二次电流：$I_U=\underline{0.79A}$；$I_W=\underline{0.81A}$。 二次电缆电流：$I_U=\underline{0.79A}$；$I_W=\underline{0.26A}$。 分析：二次电缆 U 相电流小于互感器一次进线侧电流，且与计量回路中其他环节的电流数据大致相同，判定分流位置发生在组合互感器
	组合互感器检查	（1）互感器外观：螺钉、进线、出线是否正常____。 （2）互感器拆铅封，打开后盖。 （3）检查内部电气连接部分。 （4）发现分流异物。 （5）全程摄像取证

第三步：检查结果

根据现场检查结果，对用户现场下达"违约用电、窃电通知书"，用户确认后签字。检查结果见表4-21。

表 4-21   检　查　结　果

步骤	内容	说明
第三结果：检查结果	检查结果确认	检查完毕，根据用户用电信息，正确填写"违约用电、窃电通知书"，然后用户确认检查过程及结果，并在"违约用电、窃电通知书"上签字
	测算损失比例	现场测量、计算窃电手段导致电量损失的比例_____
	窃电证据保全	将现场与窃电有关的证物贴封条、装箱，签字、按手印妥善保存

小　　结

针对高供高计专用变压器用户，通过分析计量装置的原理及薄弱环节，了解高供高计三相三线计量装置在防范窃电方面存在的一些盲区。

活学活用

以上检查流程是查处窃电的有效方法，利用以上方法计算组合互感器跨接分流窃电的损失电量。

误区警示

（1）未取得有效证据，不做停电处理。

（2）未测量到电量损失比例，不做停电处理。

附　录

用电检查工具的使用技巧

智能电能表进入市场后，新型、高科技窃电手段不断出现，反窃电面临着不断变化的新问题，需要随时更新反窃电装备。

现场进行用电检查时大致分为三个阶段，分别是用电诊断阶段、现场取证阶段和计算追补电量阶段。任何一个阶段处理不好都会产生用电纠纷，阻碍反窃电工作的顺利进行。

针对以上问题，可以配备专业的反窃电工具进行积极应对。专业的反窃电工具可以诊断用户的用电情况是否异常，可以根据诊断报告准确地查找窃电证据，可以准确地计算损失电量。

用电诊断阶段：在现场安装专业的用电检查装备实时监测用户的用电情况，监测表箱内部环境，当用户用电异常时，可以确定窃电方式，锁定窃电位置，为后期取证做好准备。

现场取证阶段：当到达现场进行用电检查时，出动反窃电车载移动平台，打开信号压制单元，配合强光手电筒对用电检查过程全程录像，根据窃电方式和窃电位置查找有效证据。当有实物时，带回留作证据；当没有实物时可出具电能表检测报告或变比检测报告等，由用户签字确认后带回留作证据。

计算追补电量阶段：当取得窃电证据，用户在"违约用电、窃电通知书"上签字确认后，将进行追补电量的计算。计算追补电量时，可以参考现场专业的用电检查装备保存的历史数据，可以参考高压变比测试仪的检测报告，也可以参考电能表检测设备的检测报告。

按照上述三个阶段进行现场用电检查，可以顺利进行反窃电工作，有效打击窃电用户的嚣张气焰。但是，反窃电工作做到这样还远远不够，只有做到打、防结合，才能实现绿色用电。进行防窃电改造时，可以使用具有防窃电功能的防窃电装备积极应对。

目前，常用反窃电工具分为检测电能表的装备、检测变比的装备、现场反窃电稽查装备、解决高损线路的装备、解决高损台区的装备、针对当前新型窃电方式的装备、反窃电车载移动平台和防窃电装备八大类。

一、 检测电能表的装备

在反窃电工作的过程中，电能表检测是一个必不可少的环节。通过对电能表的检测，诊断电能表是否在正常的状态下工作，可以对与电能表有关的各种窃电事件进行定性和定量，便于进行用电检查时取得有效的窃电证据。智能电能表的内部信息、参数不易直接观察到，需要专业的工具，用于分析、诊断电能表的内部故障、获得电能表的参数。

1. 单相表校验仪

在居民用户的反窃电检查过程中，可以通过单相表校验仪检测居民用户表计的误差是否符合规范，并对电能表内部其他电参数进行实时测量、分析，最终确定用户的电能表是否正常。

单相表校验仪是一种全数字化、多功能、高精度、智能化的多参数测试仪器，不仅能校验电能误差，还能测量电压、电流的有效值，以及有功功率、无功功率、视在功率、工频频率、功率因数，相位关系等，尤其适用于各供用电单位检查单相电能表计量的准确度。操作简便、快捷，所有步骤在屏幕上都有显示。各功能的全部参数和测量数据都是一屏显示。

（1）单相表校验仪的使用方法。

1）现场有电流时的接线如附图1所示。

步骤一：

a）在单相电能表上接好仪器的电压与电流钳。

b）仪器的红色电压夹子夹在单相电能表的第一接线柱上（即相线入口）。

c）仪器的黑色电压夹子夹在单相电能表的第四接线柱上（即中性线接口）。

d）钳形电流表夹在电能表的相线出线上（即用户线，电能表的第二根接线柱上），注意钳形电流表的方向及所测线路电流进出的方向。

步骤二：接好光电采样器或电能表脉冲线。

步骤三：在仪器上按"0"键进入校验设置功能，输入电能表常数和圈数，设置完毕后按"√"键确认退出，仪器即可显示电能表的误差。

2）现场无电流或者电流很小时的接线如附图2所示。

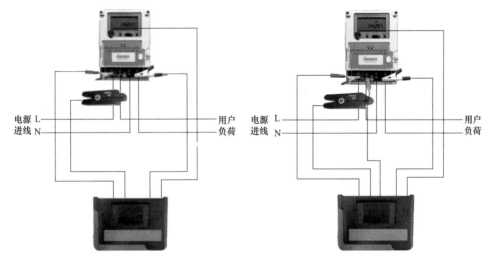

附图1　现场有电流时的接线　　　　附图2　现场无电流时的接线

步骤一：

a）在单相电能表上接好仪器的电压与电流钳。

b）仪器的红色电压夹子夹在单相电能表的第一接线柱上（即相线入口）。

c）仪器的黑色电压夹子夹在单相电能表的第四接线柱上（即中性线接口）。

d）仪器的黄色电流夹子夹在单相电能表的第二个接线柱上（注意：黄色夹子不能夹在电能表的中性线上）。

e）钳形电流表同时夹住电能表的相线出线和仪器的黄色电流线，注意钳形电流表的方向。

f）使用模拟电流校验电能表时，不用断开用户线。

步骤二：接好光电采样器或电能表脉冲线。

步骤三：在仪器上按"0"键进入校验设置功能，输入电能表常数和圈数，设置完毕后按"√"键确认退出，仪器即可显示电能表的误差。

3）单相计量系统的综合误差。使用500A的钳形电流表时，可以测试带互感器的单相计量系统的综合误差，如测量带有电流互感器变比为500/5的综合误差。

步骤一：

a）在单相电能表上接好仪器的电压与电流钳。

b）仪器的红色电压夹子夹在单相电能表的第一接线柱上（即相线入口）。

c）仪器的黑色电压夹子夹在单相电能表的第四接线柱上（即中性线接口）。

d）500A钳形电流表夹在电流互感器的一次电流线上。

步骤二：接好光电采样器或电能表脉冲线。

步骤三：在仪器上按"0"键进入校验设置功能，设置 I_2 为500A，变比100（电流互感器的变比为500/5＝100），输入电能表常数和圈数，设置完毕后按"√"键确认退出，仪器即可显示电能表的误差。

（2）使用单相表校验仪的注意事项。

1）黄色线的夹子只能夹在相线的出线上，绝对不能夹在电能表的中性线上，否则会引起相线与中性线之间短路。

2）单相表校验仪对此误接线做了双重保护措施加以防范。当红线误接线时，仪器自动进入保护状态，此时出现的现象是仪器无模拟电流输出，但仪器安然无恙。

（3）单相表校验仪的使用技巧

在现场进行用电检查时，有些改变电能表内部参数的窃电手段，需要第一时间测量出电能表的误差值。此时，单相表校验仪可以快速、方便地测量出误差比例，取得有效证据。

2. 三相用电检查仪

在对高供高计、高供低计、小动力用户的反窃电检查过程中，三相用电检查仪更是必不可少的专业检测工具。以上计量方式的用户，常见的窃电类型主要有改变接入电能表的电参数和对电能表私自进行改装等方式。所以，对三相电能表的各项电参数（电压、电流、功率等）的检测、分析，以及对电能表内部性能（误差、精度等）的测量是非常重要的。

三相用电检查仪是进行三相电参数测量、保护回路电流互感器接线正确性分析和三相电压、电流不平衡度检测的仪器，可以完成三相的电压、电流、相角、频率、功率、功率因数等电参数的高精度测量。更为独特的是，三相用电检查仪能分析电流互感器接线的正确性，检查电力线的用电平衡情况，并具有电能计算功能。设计上采用高速ARM处理器作为下位机进行电参数的测量，完全图形化界面，真彩色显示，触摸屏操作，人机界面友好，仪器便于携带，功能强大。

（1）三相用电检查仪的使用方法。持续按开关键，仪器进入附图3所示界面。

附图3　开机界面

继续按键3s，仪器进入真正的开机状态，发出"滴滴"的响声，并且频率逐渐升高，证明仪表已开机，这时放开按键。

开机后，仪表自动进入测量界面，如附图4所示。

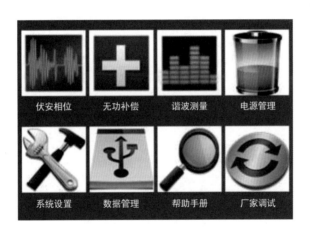

附图4　测量界面

选择用户需要的功能图标进入应用软件，选择"帮助手册"图标，进入中文简体电子版说明书，帮助用户更快、更准确地了解本仪表的应用功能和操作方式。

1）三相用电检查仪的接线方式。

方式一：单向测量接线如附图5所示。

单相电测量将相线接到仪表的 U_U 插孔，中性线接到 U_N 插孔。将钳形电流表传感器钳到相线上接入 I_U 插孔。

方式二：三相三线测量接线如附图6所示。

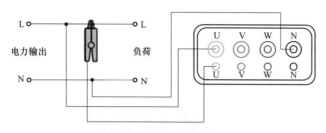

附图 5　单相测量接线

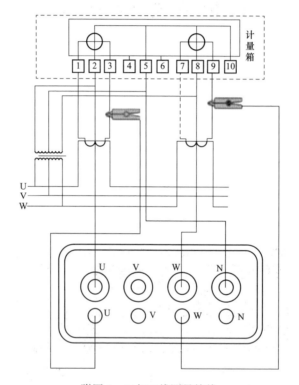

附图 6　三相三线测量接线

电压线的连接：使用专用电压测试线（黄、红、黑三组），一端依次插入本仪器的 U_U、U_W、U_N 插孔，另一端分别接入被测线路的 U 相、W 相、V 相。注意：黄色线接 U_U 插孔，黑色线接 U_N 插孔，红色线接 U_W 插孔。

电流线的连接：再将 I_U、I_W 钳插入本仪器的 I_U、I_W 插孔中，再将另一端分别卡入被测电流回路。

方式三：三相四线测量接线如附图 7 所示。

电压线的连接：使用专用电压测试线（黄、绿、红、黑四组），一端依次插入本仪器的 U_U、U_V、U_W、U_N 插孔中，另一端接入被测线路的 U 相、V 相、W 相、中性线。

电流线的连接：将 I_U、I_V、I_W 钳形电流表插入本仪器 I_U、I_V、I_W 插孔中，再将另一端分别卡入被测电流回路。

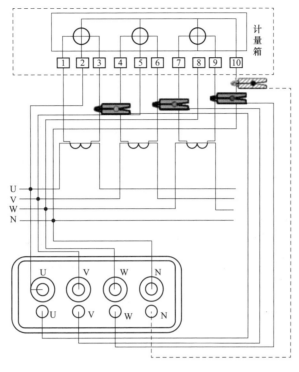

附图 7   三相四线测量接线

2）三相用电检查仪的功能。

功能一：伏安相位功率测量。伏安相位显示界面如附图 8 所示。

选择"伏安相位"命令，进入基本伏安相位测量界面（见附图 8），分颜色显示三相电压、电流、功角、功率因数、相角和三相功率。

2012/06/21 14:25:36		保存	HOLD	返回
通道/参数	电压(V)	电流(A)	功角(°)	功率因数
A路	220.01	4.9998	59.9	0.5017
B路	220.03	4.9997	59.9	0.5017
C路	220.01	5.0001	60.0	0.5002
通道/参数	有功功率(W)	无功功率(var)	视在功率(VA)	
A路	551.85	951.56	1100.01	
B路	551.89	951.63	1100.08	
C路	550.22	952.58	1100.07	
三	1653.97	2855.77	3300.16	
通道/参数	A > B	B > C	C > A	
电压相位(°)	120.1	120.0	239.9	
电流相位(°)	120.0	120.0	239.9	
	Fre = 50.01Hz IN = 0.0000A			
伏安相位	不平衡度	接线检查	CT/PT	电能计量

附图 8   伏安相位显示界面

功能二：不平衡度测量。

使入"伏安相位"功能，如附图 9 所示，可以选择"不平衡度"命令，进入不平衡度测量界面，系统自动检测和计算三相电压、电流的不平衡度，以及矢量和。

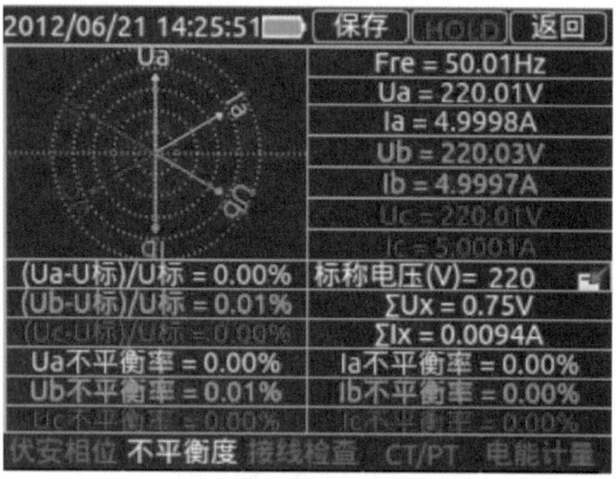

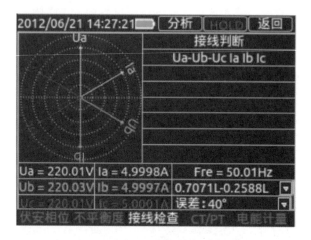

附图 9　不平衡度测量界面

功能三：接线检查。

选择"接线检查"命令，进入接线检查界面（见附图 10），确定数据稳定，选择"HOLD"命令，保持现在的数据不变，选择"分析"命令，系统可以分析现有接线是否错误，并提示正确的连接方式。

附图 10　接线检查界面

功能四：计算"CT/PT"（电流互感器/电压互感器）一次电流、电压值。

进入"CT/PT"（电流互感器/电压互感器）界面可以设置变比，轻触变比的位置，系统弹出设置键盘，在设置键盘上进行设置。

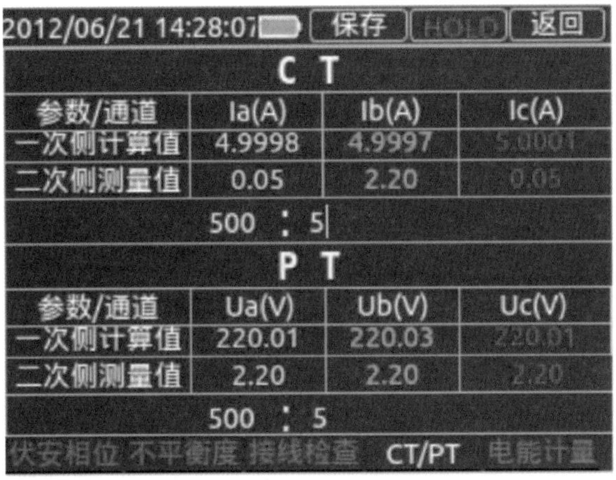

C T			
2012/06/21 14:28:07	保存	HOLD	返回
参数/通道	Ia(A)	Ib(A)	Ic(A)
一次侧计算值	4.9998	4.9997	5.0001
二次侧测量值	0.05	2.20	0.05
500 ： 5			

P T			
参数/通道	Ua(V)	Ub(V)	Uc(V)
一次侧计算值	220.01	220.03	220.01
二次侧测量值	2.20	2.20	2.20
500 ： 5			

伏安相位　不平衡度　接线检查　CT/PT　电能计量

附图 11　计算一次显示界面

功能五：谐波测试。

进入谐波测试界面，会出现如附图 12 所示的谐波测试界面，选择"2-4 次"命令可显示电压、电流的 2～4 次谐波含量，选择"HOLD"命令可保存谐波数据，保存时间为15s，用户按界面显示等待。

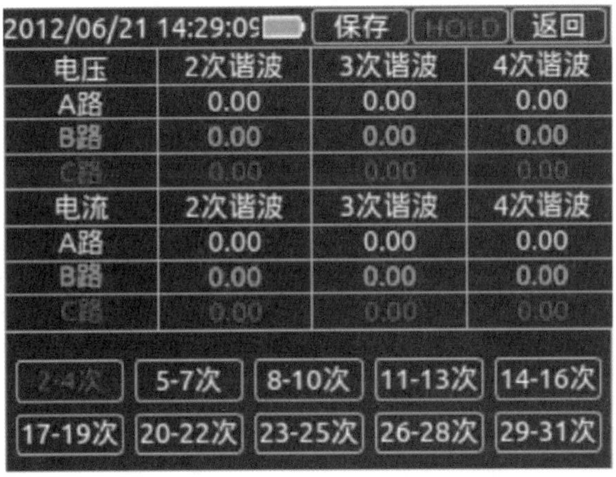

2012/06/21 14:29:09	保存	HOLD	返回
电压	2次谐波	3次谐波	4次谐波
A路	0.00	0.00	0.00
B路	0.00	0.00	0.00
C路	0.00	0.00	0.00
电流	2次谐波	3次谐波	4次谐波
A路	0.00	0.00	0.00
B路	0.00	0.00	0.00
C路	0.00	0.00	0.00

2-4次　5-7次　8-10次　11-13次　14-16次
17-19次　20-22次　23-25次　26-28次　29-31次

附图 12　谐波测试界面

（2）使用三相用电检查仪的注意事项。

1）为了防止发生火灾或电击危险，请务必按照产品额定值、标志及满足要求的试验环境进行试验。

2）使用产品配套的熔丝。只可使用符合本产品规定类型和额定值的熔丝。

3）产品的输入/输出端子、测试柱等均有可能带电压，插、拔测试线、电源插座时，会产生电火花，务必注意人身安全。

4）试验前，为了防止电击，接地导体必须与真实的接地线相连，确保正确接地。

5）试验中，测试导线与带电端子连接时，请勿随意连接或断开测试导线。

6）试验完成后，按照操作说明关闭仪器，断开电源，将仪器按要求妥善管理。

（3）三相用电检查仪的使用技巧。在现场进行用电检查时，智能电能表的内部事件记录得比较详细，借助三相表校验仪，可以发现最近的开盖记录、失电压记录、失电流记录，通过分析事件发生的时间节点，可以发现窃电线索；有些改动电能表内部参数的窃电手法，需要第一时间测量出误差值，三相表校验仪能准确计算出电能计量的误差值，取得有效的窃电证据。

二、 检测计量回路的组合装备——组合式用电检查仪

传统反窃电装备面对目前最新型的高科技"节能柜"窃电方式束手无策，而组合式用电检查仪则很好地解决了这个问题。在反窃电工作过程中，计量回路检测是一个必不可少的环节。通过对计量回路的检测，诊断电源进线侧、互感器、二次回路、计量端子盒、表前接线、电能表等是否工作在正常的状态，可以对与计量回路有关的各种窃电进行定性和定量分析，便于进行用电检查时取得有效窃电证据。计量回路测试环节较多，不易直接观察到测试参数，需要专业的工具分析诊断计量回路各环节计量相关故障。

组合式用电检查仪由高压无线电流钳、台区诊断仪、智能无线电流钳、智能主钳组成，可组合实现计量回路检测功能。组合式用电检查仪反窃电功能架构如附图 13 所示。

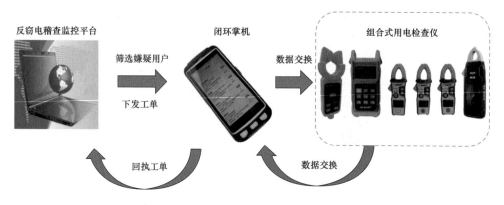

附图 13 组合式用电检查仪反窃电功能架构

1. 电流互感器变比测试

在高压计量用户或低压倍率计量用户反窃电检查的过程中，常遇到改变电流互感器变比的窃电行为。尤其是检查高压组合互感器时，由于电流互感器安装在 10kV 高压侧，不易进行检查、测量，如将其拆回检测中心进行校验，则周期长、效率低，且不能有效地发现其窃电证据，所以，需配置互感器变比检测功能来应对此类计量故障或窃电行为。

电流互感器高压变比测试的测试方法如附图 14 所示。

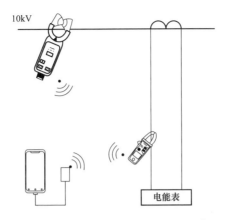

附图14 电流互感器高压变比测试示意图

步骤一：将智能电流钳卡在表前的某相电流进线或出线上；

步骤二：将高压无线电流钳安装在令克棒上，并利用令克棒将高压无线电流钳卡入与智能主钳相对应的用户一次侧相线电缆上；

步骤三：打开智能终端变比测试界面，智能终端与高压无线电流钳及智能电流钳自动进行数据交互，并显示实测值及互感器变比。

2. 检查计量回路中直流或谐波含量

针对高供低计专用变压器用户在负荷侧私自加装"节能柜"型窃电方式，常规检测不能有效地发现其窃电证据。利用组合式用电检查仪的智能无线电流钳组合测量，可清晰地检测出负荷侧及计量回路中影响计量的直流或谐波分量波形。

检查"节能柜"型窃电的测试方法如附图15所示。

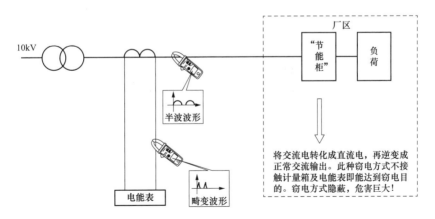

附图15 检查"节能柜"型窃电示意图

步骤：将两只支电流钳同时对主回路电流、经过互感器后计量回路电流进行测量，如果存在窃电，则主回路波形显示为整流后的波形，二次计量回路因电流互感器发生磁饱和，电流钳显示为畸变波形，计量误差增大。

3. 低压隐蔽性电缆和绕越计量检查

利用对比法将智能电流钳卡在隐蔽性电缆两端，同步测量电缆两端电流大小，对比电流差异，判断有无窃电情况。

检查隐蔽性电缆窃电的测试方法如附图 16 所示。

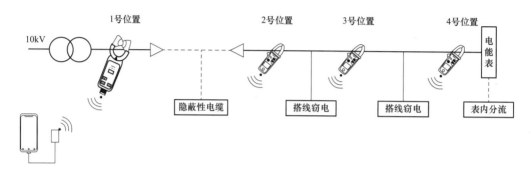

附图 16　检查隐蔽性电缆窃电示意图

也可以开启自动诊断模式，让智能电流钳卡在用户进线侧和用户电能表前，自主运行 24h，即可确定窃电时间和损失电量。

4. 负荷检测及漏电排查

漏电会造成人身伤害，同时台区漏电会导致台区线损居高不下。针对低压线路漏电隐患，利用智能电流钳的"波形分析功能"，可实现用户负荷检测及漏电排查功能，能快速排查漏电位置，提高安全供电水平。

漏电检测示意图如附图 17 所示。

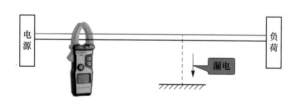

附图 17　漏电检测示意图

智能电流钳可快速精准检查低压台区漏电、居民漏电。使用智能电流钳同时卡住单相用户的中性线、相线或三相用户的低压三相电缆，根据显示的电流数值及波形，判断是否有发生漏电。

5. 台区智能诊断

台区智能诊断单元可以快速筛选台区窃电嫌疑户，预判窃电方式，获取窃电证据，将会真实反映配电台区下每一个用户的基础数据资料，提升用电管理部门台区管理手段。

（1）自动采集并上传台区内三相电能表的电压、电流、有功功率、功率因数、开盖记录、时间等，以及台区内单相电能表的电压、零线电流、火线电流、开盖记录、时间等；

（2）支持与闭环掌机及诊断终端（反窃电 APP）进行通信，直观显示用电检查结果；

（3）自动获取集中器计量设备台账；

（4）支持蓝牙通信；

（5）加装国网标准的 ESAM 加密芯片，保证信息安全。

6. 组合式用电检查仪的功能特色

组合式用电检查仪可组网使用，支持微功率无线通信，可远距离同步测量数据，可诊断窃电位置、窃电手段、窃电比例，直观查看电流波形，不仅能够准确检测新型"节能柜"窃电方式，还能有效解决传统电流表应用困难的问题。组合式用电检查仪能快速查处负荷侧私自加装"节能柜"窃电和隐蔽性电缆分流窃电行为；快速检测借中性线方式窃电行为；快速检查台区和用户漏电情况；检测回路中是否有存在谐波干扰；测量工况企业或重要动力户用能特性。

三、 现场反窃电稽查装备——专用变压器用户用电稽查仪

针对当前多发的高科技窃电方法，诸如各种分流、遥控器、强磁干扰电能表、高频干扰电能表等窃电方式，只对电能表进行现场检测已经不能满足反窃电工作的需要。另一方面，查获窃电后，由于监测不到用户进线侧的实际负荷，损失的电量难以认定，计算追补电量也缺乏合理的依据。所以，反窃电工作当前需要的是能够实时监测用户实际负荷的现场反窃电装备。

当前窃电手段越来越高科技化，隐蔽性越来越强，更有一些窃电用户并不是采用一种窃电方式持续窃电，而是随时掌控窃电事件和窃电量的大小。在用电检查人员到现场稽查的时候，所有数据都是正常的，根本抓不到窃电现行。所以，用户计量回路在线监测在反窃电工作中显得尤为重要。

专用变压器用户用电稽查仪通过对用户用电全数据的 24h 闭环监测，诊断窃电方式，确定用电异常的原因，并精准锁定窃电位置，确定窃电时间，以高技术手段实现了对各种窃电行为的实时监测。

1. 专用变压器用户用电稽查仪的使用方法

（1）工作原理。专用变压器用户用电稽查仪工作原理如附图 18 所示。

高压无线探测单元对一次电流进行监控，并通过无线通信方式将监控数据传送至数据记录仪。

数据记录仪与二次侧计量表计通信，实时记录并监测电压回路、电流回路，实时记录、存储欠电压、失电压、分流、开路、移相、强磁干扰、高频干扰等异常现象。

数据记录仪监测一次实际负荷和计量负荷，当偏差大于定制时，判定用户用电负荷异常，此时判定出现分流窃电行为，并将数据记录、存储。

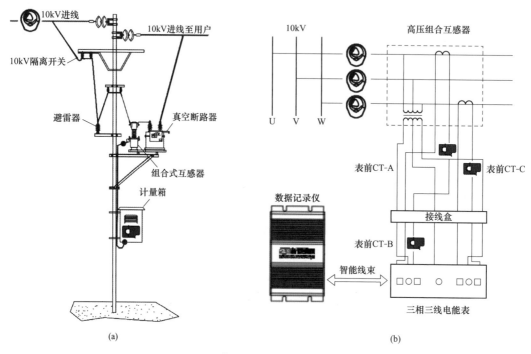

附图18　工作原理

（a）系统图；（b）安装图

（2）安装说明。

步骤一：数据记录仪安装。数据记录仪安装在表箱内，按照说明安装天线、智能线束、电源线等。数据记录仪安装效果如附图19所示。

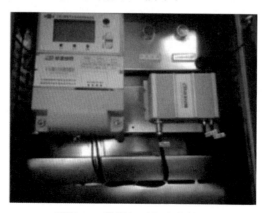

附图19　数据记录仪安装效果

步骤二：高压探测单元安装。用专用安装工具配合绝缘操作杆将高压探测单元按相序固定在一次侧线路上，要求高压探测单元与地面垂直，可带电装卸。高压探测单元安装效果如附图20所示。

附图 20　高压探测单元安装效果

步骤三：设置参数。利用手持智能终端对数据记录仪进行设置，需要设置用户名、户号、电流互感器变比、电压互感器变比、变压器容量等参数。

2. 使用专用变压器用户用电稽查仪的注意事项

（1）电源的选择。高压计量方式可选择任意两相电压，低压计量方式需选择一中性线、一相线作为电源。

（2）安装时，注意无线互感器和表前电流互感器的相别对应关系。

（3）注意无线互感器和数据记录仪之间的距离不得超过 300m。

3. 专用变压器用户用电稽查仪的使用技巧

（1）专用变压器用户用电稽查仪可以自动记录用户的实际负荷和窃电时间，分析窃电手段，自动计算损失电量的比例。

（2）安装时，注意安装位置的确定，安装完成后及时进行参数设置。

（3）专用变压器用户用电稽查仪的核心功能为取证及追补电量，是反窃电成功的关键。

（4）快速查找 10kV 高损分支，锁定搭接和私接变压器等窃电点。如附图 21 所示。

四、 反窃电车载移动平台

随着窃电技术的日益智能化及窃电手段的不断

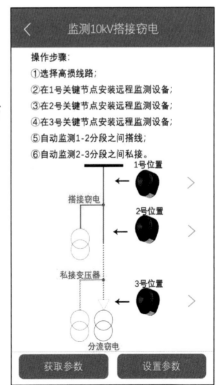

附图 21　监测 10kV 搭接窃电

翻新，反窃电形势日益严峻，反窃电调查难、取证难、处理难等问题较为突出，甚至存在围攻、谩骂、殴打反窃电人员的现象。这就给反窃电工作提出了一个更为迫切的需求：对整个反窃电检查过程的事前、事中、事后要全方位的取证。反窃电车载移动平台就是为了满足以上需要而研制的。

反窃电车载移动平台通过无线通信、无线信号压制、电磁场强度监测、无人机监控等技术，完成对现场用户窃电情况的取证，形成有效、连续的证据链，解决用电检查工作查处窃电难、取证难的现状。反窃电车载移动平台配备的车载高清摄像、无线对讲等设备为用电检查人员的安全也提供了有力保障，改善了装备落后的被动局面，持续降损增效。此外，反窃电车载移动平台还担当培训教学的任务，可提升针对新型窃电手段的技术分析和研究能力，同时提高用电检查人员反窃电的实战技能。

1. 反窃电车载移动平台的系统组成及功能特点

（1）系统组成。反窃电车载移动平台主要由移动数据分析模块、取证便携模块、勘测现场情况移动装置、远程诊断装置、无人机检测系统、电磁屏干扰装置等组成，采用车联网及定位监控技术、高度集成化设计。

（2）功能特点。

1）无人机视频、录音、录像取证。

2）电磁信号检测。

3）无线电子信号压制。

4）多功能电能表校验。

5）现场监测与取证。

6）车载无线装置内部通信，加强保密性。

7）车载移动数据分析，实时进行数据监控，全方位监测用户的用电情况。

2. 使用反窃电车载移动平台的注意事项

（1）使用前，确保环境调研完成，适用于室外操控无人机。

（2）使用时，保证反窃电车载移动装置通过GPRS与稽查装置链接通畅。

（3）无线电子信号压制设备要先设置成监听模式，并分析、确认信号与用电的关联度后再开始压制工作，以防干扰正常用户使用的遥控设施。

3. 反窃电车载移动平台的使用技巧

反窃电车载移动平台通过对比用户一次、二次电流或通过论证分析出高损耗线路来确定嫌疑用户，又因为用户的电能表和稽查装置之间的传输数据是连接在一起的，因此可以对嫌疑用户进行实时监测，并将嫌疑用户的数据传回至反窃电车载移动平台，再对采集的数据进行分析、计算，最终可得到嫌疑用户的窃电方式、时间等一些信息。

上述工作完成之后，就可以出动反窃电车载移动平台对嫌疑用户周边环境进行记录，为最后一步的取证打下良好的基础。

因为用电检查过程需要取证、免责，所以应对全过程进行详细记录，同时需要反窃电车载移动平台中具有夜视功能的摄像机和强光手电筒配合查处窃电，方便进行摄像取证。

五、 防窃电装备——防窃电电能表箱

如果计算机不安装防火墙软件，那么计算机感染病毒的概率将大大增加，维护人员将为杀毒一直忙碌。反窃电工作也一样，如果不进行防窃电装备及技术的开发，窃电现象就会频繁发生，反窃电工作将消耗大量的人力、物力，且效果不明显。防窃电电能表箱（见附图 22）是针对一些顽固的窃电用户或新报装用户而设计的，可以从根源上杜绝各种窃电行为的发生，从而达到降低损耗、增加效益的目标。

附图 22　防窃电电能表箱

防窃电电能表箱实现了表箱的智能化，能够防止现有高科技窃电的发生，减少了用电检查人员每天查处窃电的工作量，变被动反窃电为主动防窃电，改变了反窃电查处难、取证更难的现状。

1. 防窃电电能表箱的功能特点

（1）非法开箱报警功能。正常用电情况下打开表箱，若在设定时间内没有进行身份认证，则自动报警。

（2）人体感应自动摄像功能。当表箱遭到非法入侵时，会自动感应人体活动，并自动启动摄像、拍照记录功能，用于查窃取证。

（3）防高频干扰电能表功能。屏蔽高频干扰信号，确保电能表周围的辐射电磁场小于10V/m，计量系统正常工作；高频干扰自动报警功能。

（4）防强磁窃电功能。屏蔽强磁信号，确保计量系统正常工作；强磁干扰自动报警功能。

（5）监测用户实际负荷。分流窃电自动报警功能；分流报警后，可设置跳闸功能。

（6）运行数据及电能表参数监测。发现异常主动发报警信息到防窃电预警中心主站，并通过防窃电预警中心主站分析电能表、表前和一次曲线的数据，准确定位窃电位置。

（7）短信功能。终端不仅可以发报警信息到防窃电预警中心，还可以设置 4 个电网公司管理人员的手机号码，用于电网公司管理终端，查询和接收报警短信。短信功能的主要内容如下：

1）掉电和上电通知。

2）异常事件报警。

3）非法开箱报警。

2. 使用防窃电电能表箱的注意事项

（1）做好现场表箱加铅封。

（2）表箱采用电子锁，防止窃电者破坏钥匙插孔。

3. 防窃电电能表箱的使用技巧

（1）用于新报装用户。在新报装用户的计量系统中安装防窃电电能表箱，可以有效防止窃电行为的发生。

（2）用于对顽固窃电用户进行防窃电改造。针对发生反复窃电行为的窃电用户，需要进行防窃电技术改造，将普通的电能表箱更换为防窃电电能表箱，可以防止用户再次窃电，达到有效遏制窃电行为及降低线路损失率的目的。